广东教育学会中小学阅读研究专业委员会

推荐阅读

物理学科素养阅读丛书

丛书主编　赵长林　　　　丛书执行主编　李朝明

物理学中的思想实验

赵长林　孙海生　孙吉星　编著

SPM 南方传媒

全国优秀出版社　　广东教育出版社
全国百佳图书出版单位

·广州·

图书在版编目（CIP）数据

物理学中的思想实验 / 赵长林，孙海生，孙吉星编著 . —广州：广东教育出版社，2024.3

（物理学科素养阅读丛书 / 赵长林主编）

ISBN 978-7-5548-5349-8

Ⅰ.①物⋯ Ⅱ.①赵⋯ ②孙⋯ ③孙⋯ Ⅲ.①物理学—实验 Ⅳ.① O4-33

中国版本图书馆 CIP 数据核字（2022）第 254937 号

物理学中的思想实验

WULIXUE ZHONG DE SIXIANGSHIYAN

出 版 人：朱文清
策 划 人：李世豪　唐俊杰
责任编辑：梁　宜　刘俊平　忽利兵
责任技编：余志军
装帧设计：陈宇丹　彭　力
责任校对：田建利
出版发行：广东教育出版社
　　　　　（广州市环市东路472号12-15楼　邮政编码：510075）
销售热线：020-87615809
网　　址：http://www.gjs.cn
E-mail：gjs-quality@nfcb.com.cn
经　　销：广东新华发行集团股份有限公司
印　　刷：广州市岭美文化科技有限公司
　　　　　（广州市荔湾区花地大道南海南工商贸易区A幢）
规　　格：787 mm×980 mm　1/16
印　　张：10
字　　数：200千字
版　　次：2024年3月第1版　2024年3月第1次印刷
定　　价：42.00元

若发现因印装质量问题影响阅读，请与本社联系调换（电话：020-87613102）

总序

学习物理的门径

　　由赵长林教授担任丛书主编的"物理学科素养阅读丛书"，述及与中学物理课程密切相关的物理学中的假说、模型、基本物理量、常量、实验、思想实验、悖论与佯谬、前沿科学与技术等方面。丛书定位准确，视野开阔，既有深入的介绍分析，也有进一步的提炼、概括和提高，还从不同的视点，比如说科学哲学或逻辑学的角度进行解读，对理解物理学科的知识体系，进而形成科学的自然观和世界观，发展科学思维和探究能力，融合科学、技术和工程于一体，养成科学的态度和可持续发展的责任感有很大的帮助。丛书文字既深入严谨又通俗易懂，是一套适合学生的学科阅读读物。

　　丛书的第一个特点是突出了物理学的思想方法。

　　物理学对于人类的重大贡献之一就在于它在科学探索的过程中逐步形成了一套理性的、严谨的思想方法。在物理学的思想方法形成之前，人们不是从实际出发去认识世界，而是从主观的臆想或者神学的主张出发建立起一套唯心的理论，也不要求理论通过实践来检验。物理学推翻了这种以主观臆测和神学主张为基础的思想方法，在探究自然的过程中开展广泛而细致的观察，在观察的基础上通过理性的归纳形成物理概念，再配合以精确的测量，将物理概念加以量化，进一步探索研究量化的物理规律，形成物理学的理论体系。这种方法将抽象的、形而上的理论与具象的、形而下的实践联系起来，成为人类认识和理解自然界物质运动变化规律的有力武器。物理学的思想方法非常丰富，包含了三个不同的层次。第一是最普遍的哲学方法，如：用守恒的观点去研究物质运动的方法，追求科学定律的简约性等；第二是通用的科学研究方法，如：观察、实验、抽象、归纳、演绎等经验科学方法；第三是专门化的特殊研究方法，即物理学科的规律、知识所构成的特殊方法，如光谱分析法等。物理学方法既包括高度抽象的思辨和具象实际的观察测量，也包括海阔天空的想象。物理学家在长期的科学探索活动中，形成科学知识并且不断地改变人类认识世界的方法，从物理学基本的立场观点到对事物和现象的抽象或逻辑判断，再到一些特有的方法和技巧，这些都是人类赖以不断发展进步的途径。因此，物理学的思想方法就不仅涉及自然，还涉及人和自然的相互作用与对人本身的认识。抓住物理的思想方法，不仅有利于深入理解物理学的知识体系，还有利于形成科学的自然观和世界观，达到立德树人的目标。

丛书的第二个特点是注意引发学生的学习欲望，从而进行深度学习。

现代教育心理学研究告诉我们，在学校环境下学生的学习过程有两个特点[①]：第一，学生的学习和学生本身是不可分离的。这就是说，在具体的学习情境中，纯粹抽象的"学习"是不存在或不可能发生的，存在的只是具体某个学生的学习，如"同学甲的学习"或"同学乙的学习"。第二，学生所采取的学习策略与学习动机是两位一体的，有什么样的动机，就会采取与之相匹配的学习策略，这种匹配的"动机-策略"称为学习方式。也就是说，如果同学甲对所学的内容没有求知的欲望或不感兴趣，那他在学习时就会采取被动应付的态度和马虎了事的策略，对所学内容不求甚解、死记硬背，或根本放弃学习。相反，如果同学乙有强烈的学习欲望或对学习内容有浓厚的兴趣，他就会深入地探究所学内容的含义，理解各种有

① BIGGS J, WATKINS D. Classroom learning: educational psychology for Asian teacher [M]. Singapore: Prentice Hall, 1995.

关内容之间的关系，逐步了解和掌握相关的学习与探究的方法。第一种（同学甲）的学习方式是表层式的学习，第二种（同学乙）的学习方式是深层式的学习。此外，在东亚文化圈的学生中还大量存在着第三种学习方式——成就式的学习，即学生对学习的内容本来没有兴趣和欲望，但为学习的结果（如考试分数）带来的好处所驱动，会采取一些能够获得好成绩的策略（如努力地多做练习题）。在同一个学校、同一间课室里学习的学生，由于他们的动机和策略，也就是学习方式的不同，产生了不同的学习效果。当然，效果还与学生的元认知水平及天资有关。本丛书的作者有意识地提倡深度（深层次）的阅读，书中的大部分内容以问题为引子，用历史故事或相互矛盾的现象，引发读者的好奇，再按照物理发现的思路逐步引导读者探究问题。在这一过程中，注意点明探究和解决问题遵循的思路和方法，达到引导读者进行深度学习的目的。

丛书的第三个特点在于详细、深入、系统地介绍对启迪物理思维有重要作用的相关知识，注意通过知识培养素养。

有的人也许会问，今天的教育是以培养和发展学生的科学素养为核心，知识学习是次要的，有必要花那么多时间来学习知识吗？这种观点是片面和错误的。物理学的成就首先就表现为一个以严谨的框架组织起来的概念体系。如果对物理学的知识体系没有基本和必要的了解，就无法理解物理，无法按照科学的方法去思考和探究。确实，物理学知识浩如烟海，一个人即使穷其毕生之力也只能了解其中的一小部分，就算积累了不少物理知识，但如果不能抓住将知识组织起来的脉络和纲领，得到的也只是一些孤立的知识碎片，不能构成对物理学的整体的理解。然而，物理学的知识又是系统而严谨的。每一个概念以及概念之间的关系都有牢固的现实基础和逻辑依据，从简单到复杂，从宏观到微观，从低速到高速，步步为营，相互贯通，反映了现实世界的"真实"。物理知识是纷繁复杂的，也是简要和谐的。只要抓住了物理知识体系的纲领脉络，就能够化繁为简，找到通往知识顶峰的道路，以理解现实的世界，创造美好的未来，这也是物理学对人类的最大贡献之一。况且，物理学的思想方法是隐含在物理知识的背后，隐含在探索获取知识的过程之中的。对物理学知识一无所知，就不可能了解物理学的思想方法；不亲历知识探索的过程，就不可能掌握物理学的思想方法。学习物理知识是认识、理解、运用物理思想方法的必由之路，也是形成物理科学素养的坚实基础。因此，本丛书在介绍物理学知识中，一是介绍物理学思想方法，帮助读者构建物理学知识体系和形成物理思维，对于培养物理学科素养很有裨益；二是扩大读者的视野，打开读者的眼界，不仅从纵向说明物理学的历史进展，介绍物理学的最新发展、物理学与技术和工程的结合，更重要的是联系科学发展的文化背景、科学与社会之间的互动与促进，认识物理学的发展在转变人的思想、行为习惯和价值观念方面的作用，体会"科学是一种在历史上起推动作用的、革命的力量"[①]，"把科学首先看成是历史发展的有力杠杆，看成是最高意义上的革命力量"[②]。

课改二十年过去了。一代又一代人躬身课程与教学研究，探寻、谋变、改革、创新交相呼应。本丛书是这段旅程的部分精彩呈现，相信一定会受到读者欢迎，在"立德树人"的教育实践中发挥它的应有之义。

高凌飚

2023年于羊城

———————

① 马克思，恩格斯．马克思恩格斯全集：第19卷［M］．北京：人民出版社，1963：375.

② 马克思，恩格斯．马克思恩格斯全集：第19卷［M］．北京：人民出版社，1963：372.

前言

洞察物理之窗

　　相对于其他自然科学来说，物理学研究的内容是自然界最基本的，它是支撑其他自然科学研究和应用技术研究的基础学科。物理学进化史上的每一次重大革命，毫无疑义都给人们带来对世界认识图景的重大改变，并由此而产生新思想、新技术和新发明，不仅推动哲学和其他自然科学的发展，而且物理学本身还孕育出新的学科分支和技术门类。从历史上的诺贝尔奖统计情况来看，物理学与其他学科相比，获奖的人数占比更大，从一个侧面说明了这一点。我国新高考方案发布后，物理学科在中学的学科教学地位得以凸显，也正是应验了物理学科特殊的地位。

　　试举一例。

　　人们对物质结构的认识，最早始自古希腊时代的"原子说"，这个学说的创始人是德谟克利特和他的老师留基伯。他们都认为万物皆由大量不可分割的微小粒子组成，"原子"之意即在于此。德谟克利特认为，这些原子具有不同的性质，也就是说，在自然界同时存在各种各样性质不同的原子。他的"原子说"虽然粗浅，但现在仍能用来解释固体、液体和气体的某些物理现象。到了17世纪，人们的认识不再囿于纯粹的思辨和假说，各种实验、发现和发明纷至沓来。1661年，英国的物理学家和化学家玻意耳在实验的基础上提出"元素"的概念，认为"组成复杂物体的最简单物质，或在分解复杂物体时所能得到的最简单物质，就是元素"。现在化学史家们把1661年作为近代化学的开始年代，因为这一年玻意耳编写的《怀疑派化学家》一书的出版对后来化学科学的发展产生了重大而深远的影响。玻意耳因此还成为化学科学的开山祖师、近代化学的奠基人。玻意耳认为物质是由各种元素组成的，这个含义与我们现在的理解是一样的。至今我们已经找到了100多种构成物质的元素，列明在化学元素周期表上。

把原子、元素概念严格区别开来，提出"原子分子学说"的是道尔顿和阿伏加德罗。道尔顿认为，同种元素的原子都是相同的。在物质发生变化时，一种原子可以和另一种原子结合。阿伏加德罗把结合后的"复合原子"称作"分子"，认为分子是组成物质的最小单元，它与物质大量存在时所具有的性质相同。

到了19世纪中叶，有关原子、元素和分子的概念已被人们普遍接受，这为进一步研究物质结构打下了坚实的基础。

19世纪末，物理学家们立足于对电学的研究，不断思考物质结构的问题。最引人注目的发现主要有：德国物理学家伦琴利用阴极射线管进行科学研究时发现X射线；法国物理学家贝可勒尔发现了天然放射性；英国物理学家汤姆孙发现了电子。这三个重大发现在前后三年时间内完成，原子的"不可分割性"从此寿终正寝，科学家的思维开始进入原子内部。

迈入20世纪后的短短几十年间，物理学家对原子结构的探索可谓精彩纷呈，质子、中子、中微子、负电子等多种粒子的发现，不仅证实了原子的组成，而且还证实了原子是能够转变的！在伴随着科学家绘制的全新原子世界图景里，能量子、光量子、物质波、波粒二象性、不确定关系等这些与物质结构联系在一起的概念已经让人们对自然世界有了颠覆性认识！

以上是从物理学家对物质结构探索这个基本方面梳理出的一个大致脉络。循着这条线索，我们能感受到物理学在自然科学研究中所产生的强大推动力。物理学研究自然界最基本的东西还有很多方面，比如时间和空间的问题等，有兴趣的读者不妨仿照以上方式进行梳理。正是物理学对自然界这些最基本问题的不断探索所形成的自然观、世界观、方法论，引领其他自然科学的发展，对科学技术进步、生产力发展乃至整个人类文明都产生了极其深刻的影响。在这里，尤其要提到的是，以量子物理、相对论为基础的现代物理学，已经广泛渗透到各个学科和技术研究领域，成就了我们今天的生活方式。

接下来谈谈物理学的基本研究思路体系，请看图1：

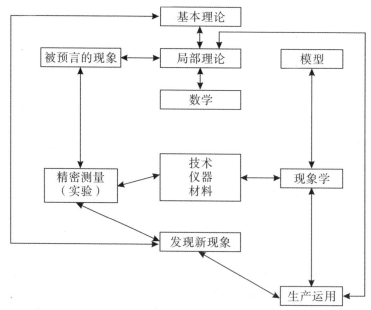

图1 物理学基本研究思路体系示意图

如果我们把这个体系看成是一个活的有机体，每个方框代表这个有机体的一个"器官"，想象一下这个有机体的生存和发展，还是很有趣的。在这个体系中，各个不同的部分互相依存，它们代表着复杂的相互作用系统，并随着时间而进化。如果切除某个"器官"，这个有机体就难以存活下去。对这种比喻性的理解，有助于我们看清物理学的基本研究思路体系的本来面目并加以重视。在理论方面，你也许会想起牛顿、麦克斯韦、爱因斯坦；在实验方面，你也许会想起伽利略、法拉第、卢瑟福；在数学方面，你也许会想起欧几里得、黎曼、希尔伯特。无论你从哪个"器官"想起谁，都会感受到这些科学家在源源不断地通过这些"器官"向这个有机体输送营养，也许未来的你也会是其中的一个。

现在，中学物理课程和教材体系基本上依照上述体系构成。为了强化对这个体系的理解，在这里有必要强调一下理论和实验（测量）的问题。二者构成物理学的基本组成部分，它们之间是对立与统一的关系。理论是在实验提供的经验材料基础上进行思维建构的结果，实验是在理论指导下，在问题的启发下，有目的地寻求验证和发现的实践活动。理论和实验发生矛盾时，就意味着物理学的进化，矛盾尖锐时，就意味着理论将有新的突破，表现为物理学的"自我革命"。一个经典的事例就是发生在20世纪之交物理学上空的"两朵乌云"〔英国著名物理学家威廉·汤姆孙〔开尔文勋爵〕之语〕。他所说的"第一朵乌云",主要是指迈克耳孙–莫雷实验结果和以太漂移说相矛盾;"第二朵乌云"主要是指热学中的能量均分定理在气体比热以及热辐射能谱的理论解释中得出与实验数据不相符的结果,其中尤其以黑体辐射理论出现的"紫外灾难"最为突出。正是这"两朵乌云",导致了现代物理学的诞生。但是从物理学的发展历史来看,我们绝不可因此否认进化对物理学发展的重大意义。实际上,正是由于如第4页图中所展示出来各要素之间的相互作用,物理学才会处于进化与自我革命的辩证发展中。

上面谈及的两个方面可以说是引领你进入物理学之门的准备知识,希望因此引起你对物理学的好奇,进而学习物理的兴趣日渐浓厚。要系统掌握物理学,具备今后从事物理学研究或相关工作的关键能力和必备品格,我们必须借助物理教材。教材是非常重要的启蒙文本,它是根据国家发布的课程方案和课程标准来编制的,大的目标是促进学生全面且有个性的发展,为学生适应社会生活、职业发展和高等教育作准备,为学生的终身发展奠定基础。现在的物理教材非常注重学科核心素养的培养,主要体现在物理观念、科学思维、科学探究、科学态度与责任四个方面。在这四个方面中,科学思维直接辐射、影响着其他三个方面的习得，它是基于经验事实建构物理模型的抽象概括过程，是分析综合、推理论证等方法在科学领域的具体运用，是基于事实证据和科学推理对不同观点和结论提出质疑和批判，进行检验和修正，进而提出创造性见解的能力与品格。科学思维涉及的这几个方面在物理学家们的研究工作中也表现得淋漓尽致。麦克斯韦是经典电磁理论的集大成者。他总结了从奥斯特到法拉第的工作，以安培定律、法拉第电磁感应定律和他自己引入的位移电流模型为基础，运用类比和数学分析的方法建立起麦克斯韦方程组，预言电磁波的存在，证实光也是一种电磁波，从而把电、磁、光等现象统一起来，实现了物理学上的第二次大综合。在这里，我们引用麦克斯韦的一段原话来加以注脚和说明是合适的：

> 为了不用物理理论而得到物理思想，我们必须熟悉物理类比的存在。所谓物理类比，我指的是一种科学的定律与另一种科学的定律之间的部分相似性，它使得这两种科学可以互相说明。于是，所有数学科学都是建立在物理学定律与数的定律的关系上，因而精密的科学的目的，就是把自然界的问题简化为通过数的运算来确定各个量。从最普遍的类比过渡到部分类比，我们就可以在两种不同的产生光的物理理论的现象之间找到数学形式的相似性。

这几年，我和粤教版国标高中物理教材的编写与出版打起了交道。在工作中深感教材编写工作责任重大，在教材中落实好学科核心素养并不是一件容易的事情。作为编写者，必须对物理学的世界图景独具慧眼，尽可能做到让学生"窥一斑而知全豹，处一隅而观全局"，还要有"众里寻他千百度，蓦然回首，那人却在灯火阑珊处"的感悟。渐渐地，我心中萌生起以物理教材为支点，为学生编写一套物理学科素养阅读丛书的想法。经过与我的同门学友、德州学院校长赵长林教授充分探讨后，我们将选材视角放在了物理教材涉及的比较重要的关键词上——七个基本物理量、假说、模型、实验、思想实验、常量、悖论与佯谬、前沿科学与技术，试图通过物理学的这些"窗口"让学生跟随物理学家们的足迹，领略物理学的风景，从历史与发展的角度去追寻物理学科核心素养的源泉。这些想法很快得到了来自高校的年轻学者和中学一线名师的积极呼应，他们纷纷表示，这是一个对当前中学物理学科教学"功德无量"的出版工程，非常值得去做，而且要做到最好。令我感动的是，自愿参加这个项目写作的作者经常在工作之余和我探讨写作方案，数易其稿，遇到困惑时还买来各种书籍学习参考。最值得我高兴的是，赵长林教授欣然应允我的邀约，担任丛书主编，在学术上为本丛书把脉。在本丛书即将付梓之时，我代表丛书主编对这个编写团队中相识的和还未曾谋面的各位作者表示衷心的感谢，对大家的辛勤劳动和付出致以崇高的敬意！

本丛书的出版得到了广东教育学会中小学生阅读研究专业委员会和广东省中学物理教师们的大力支持，在此一并致谢！

李朝明

2023年11月

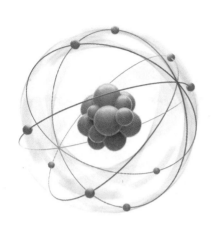

目录

导言

感受思想的力量

——物理学发展史中的思想实验

同学们，我们学习任何学科都要掌握它的基本概念体系。从哲学意义上说，概念是对研究对象共同特征的抽象表达，它属于理性认识的范畴。人类对客观世界的认识总是从感性认识上升到理性认识的，这是辩证唯物主义的基本原理之一。科学的根源在于自然哲学，从关于运动的数学运算到时空的求解之谜应有尽有。而在自然哲学中，思想实验已被证明是至关重要的强有力工具，能够助推创造力的爆发和对现实本质的深刻洞察。

一、我们都会做思想实验

思想实验（德语，Gedankenexperiment），又译为"思维实验"，是由爱因斯坦发明的术语，指"一种能保持绝对理智，又可发挥想象的思维方式"。思想实验之所以出现在物理学中，并不是单纯地由物理学科的特点决定的，而是由人是一种会思维的理性动物决定的。我们的学习活动和日常生活中的社会性行动，其实都要经过观察、调查研究等，把大量和零碎的材料经过去粗取精、去伪存真、由此及彼、由表及里的思考、分析、综合，加以系统化、条理化，透过纷繁复杂的现象抓住事物的本质，找出它的内在的规律性的东西，由感性认识上升为理性认识，付诸实践行动，并不断循环往复。

因此，思想实验并不神秘，不是只有物理学家在做思想实验，作家、诗人，还有社会幻想家也常在思想中进行实验。这些人以各种不同的表象为出发点，并得到不同的预测，从而形成思想实验。我们在日常生活中，做出一个决定、采取一个社会行动前，也经常进行推理和推演，这也具有思想实验的特点。只不过作家、诗人、社会幻想家和我们日常生活中的推演是在非规律性的想象中将表象与现实中没有关联的情况联系起来，因此，这些思想实验常显得荒诞不经。

物理学的思想实验，往往是想象中的表象与现实非常接近，基于这样的认识形成的思想实验则容易为人们所接受。物理学家、科学哲学家马赫（E. Mach）说："我们之所以能够进行思想实验，正是因为我们的表象或多或少准确地，非任意地反映了事实。"人们通常先进行思想实验，而后进行物质实验，最后再用思想实验加以反思。

诺顿（J.D. Norton）认为，一个思想实验就是一个以经验为基础的论据，布朗（J.R. Brown）认为思想实验其实是一种对先验知识的感知手段。诺顿发现了思想实验与物质实验的一些不同之处，物质实验中的条件只是对物理事件真实状况的描述，而思想实验不是对现实世界中真实状况的描述，那只是一种假想的状态，许多条件都是现实世界中无法具备的。这些理想化的条件，有的只是暂时与目前可观测的经验事实不相符，但若干年以后，有可能实现；有的虽然不能与经验事实绝对相符，但随着科学水平的提高，可逐渐接近理想化条件。理想化条件不是必须与事实相悖，如爱因斯坦的追光实验只是因为人类无法以光速奔跑而想象出来的"那么快的速度"，它遵循与物质实验一样的程序。由于目前科学水平的限制，人们无法制造出这样的实验仪器，但未来可能会有实在的替代物产生。思想实验是从人们所熟知的一些经验数据出发，在一定的拟真条件下，帮助科学家得到不同于他们以前坚持的定律和理论。

二、物理学中的思想实验可信吗？

物理学中的思想实验可信吗？许多物理学家和哲学家都对这个问题有过深入的思考，他们的观点各有不同。马赫认为，动物和人类都会进行实验，比如动物对危险环境的试探，本质上带有实验的性质。马赫把实验分为本能实验和思想实验两种类型。思想实验并不是物理学家的专利，社会工作者、诗人、剧作家、文学家、侦探等都会通过思想实验来想象和推理事物之间的逻辑联系。与动物的本能实验和文学家、诗人的天马行空的思想实验不同，物理学的思想实验是基于经验和逻辑推理的。马赫认为，物理学的思想实验是为物质实验做准备的，借助物质实验发现新的物理规律后，物理学家会继续进行新的思想实验、物质实验，为物理学理论大厦持续添砖加瓦，这是物理学理论不断创新和发展的一个重要基础。马赫特别看重物理学的思想实验的重要性，他甚至认为，物理学的思想实验由于不受外在客观因素的干扰，得出的物理结论要比物质实验更加"纯正"，思想实验得出的物理结论根本不用再通过物质实验来验证。显然，马赫走向了唯心主义的极端。

到了20世纪80年代，诺顿和布朗分别站在经验主义与理性主义的立场对物理学实验的特征及其结论的确证性进行了长期争论。按照诺顿的观点，物理学的思想实验就是一个以经验为基础的论据，为我们提供了关于物质世界的信息，但这些信息并不包含任何新的经验数据。这些信息是从已经得到验证的数据中推导出来的。思想实验不是对现实世界中真实状况的描述，而是一种假想状态，因为思想实验中的许多条件（如绝对光滑的平面）在现实中无法实现或者暂时无法实现。这些理想的条件可能以后可以实现，或者虽然不能完全实现，但随着科学技术的发展，会逐渐接近理想化条件。因此，思想实验与物质实验一样，本质上都是基于经验的，具有物理实验的共同特征。

布朗则夸大了思想实验的思维性特征，认为物理学中的思想实验是先验的，"先验"，顾名思义是先于经验的意思。物理学规律就像柏拉图所说的理性一样，需要靠思想实验去感知，就像用数学直觉去感知世界一样。布朗认为物理学的思想实验是人们直觉感知物理学规律的一种认识途径，不必再经历物质实验的验证或者无须以物质实验作为先前的基础，他的观点是基于理性论的。

科学哲学家库恩则不同于诺顿和布朗的观点，他采取了历史主义的观点。他将思想实验纳入科学革命的过程，把思想实验看作一种消除概念混乱的心理转换机制。思想实验是从人们所熟知的一些经验数据出发，在一定的拟真条件下，帮助科学家得到不同于他们以前坚持的定律和理论。思想实验的结果即使不提供新的数据，也比通常所设想的更接近实际实验的结果。在库恩看来，思想实验和物质实验都是物理学家为了更好地、更全面地、更系统地解释物质世界规律中新的理论、新的概念体系而使用的工具或者手段。因为人类认识物质世界规律的过程是一个长期的历史过程，是一个无限接近认识物质世界规律的过程，人类寻找或发现物质世界的行动一直在路上。物理学的思想实验可以帮助科学家消除现有理论及概念上的混乱或错误。同时，它还可以揭示一些认识物质世界规律的新途径和新方法。

索伦森（R.A.Sorensen）则明确提出思想实验就是实验，

思想实验与物质实验的区别仅仅是一些限制条件不同而已。索伦森认为，思想实验和物质实验在逻辑上是相似的。实验设计中存在着大量的未知、偏见、干扰等因素，这些因素可能会使人们难以达到实验的目标。严格地纠缠于这些因素之中，常常令实验无法继续。而经验告诉人们，如果通过精简实验程序的方法，忽略这些障碍因素，会使人们易于达到目标。在对整个实验过程中所发生的一系列不断变化的现象进行精简后，我们将会把目光聚焦于几个关键的变化。如果再更进一步，当我们的创新者打算通过假想而不是具体操作来呈现实验时，他就迈入了思想实验的王国。

有关思想实验与经验的关系，一种主张思想实验与物质实验一样，属于基于经验的科学实验。另一种主张思想实验与经验无关，是一种先验的存在，完全是思维的产物。

人类对世界的认识是基于不断积累的经验的，在这个方面，思想实验与物质实验之间不存在明显的界限。日常的粗糙的经验为人们呈现的是一个不确定的世界图景。不过，也正是这些日常经验为人们提供了丰富的个别情况，如果我们用思想实验代替那种粗糙的实验，后来得出的量上的表象就获得了最肯定的支柱。布朗认为，思想实验是先验的存在，与经验无关。库恩认为，物质实验所依靠的经验数据必须是人们所熟知并普遍接受的，但思想实验仅仅从这些经验数据出发，则无法导致新知识的产生或对自然形成新的理解。思想实验的作用就在于迫使科学家承认他们的思想方式中的固有矛盾，以便消除以前的混乱。而这种作用的发挥是概念工具在科学家的心理转换中实现的，因此不取决于人们所熟知的那些经验数据。

思想实验虽不是直接的经验数据，却是对人类传统经验的抽象和综合，是一种源于经验，同时又高于具体经验的经验形式，科学的、符合物理规律和思维逻辑的物理学思想实验是可靠的，是有助于我们认识物理世界的。

三、物理学中的思想实验有用吗？

只需要想一想伽利略的自由落体运动、麦克斯韦妖、牛顿水桶实验、爱因斯坦电梯、爱因斯坦火车及薛定谔的猫等著名的思想实验，我们就能大致了解思想实验在科学的历史进程中做出的无可替代的杰出贡献。

马赫对实验有过深入的研究，他认为与物质实验相比，思想实验是更高的智力阶段的实验。从科学史来看，无论在古希腊还是在古代中国，人们原初对自然界的探索是基于思想实验的，是借助于抽象的概念和逻辑推理得出对自然界规律的普遍认识的，如古希腊的原子论、中国古代的"天圆地方说"等。16世纪，培根倡导物质实验的方法，并在中观世界物理学规律尤其是牛顿力学体系的研究中获得巨大成功。随着人们对微观世界物理规律研究的深入，尤其是对量子力学领域的科学研究，人类的物质实验手段往往难以满足物理学研究的需要，思想实验又广泛地应用在物理学家的科学发现中，比如爱因斯坦的光子盒、薛定谔的猫等。

思想实验更有普遍性，其涉及的物理学变量都是一类抽象出来的概念性客体而不是具体的事物。比如，伽利略比萨斜塔实验中的球，我们只需要有一重一轻两个球的概念就可以了，对球的大小、具体质量、形状、颜色、气味、材料等都不会有具体的要求。但是，物质实验对实验对象的质量、大小、长短、元素、颜色、气味等各方面的精确度要求就很高。思想实验更具有精确性和普遍性。

原子论在人类思想史和物理学发展史上产生了重大影响，其实原子论学说的提出依靠的就是思想实验。德谟克利特曾设想，假如有一把极其锋利又极其微小的刀，我们就可以拿着这把刀去切割一个面包，一分为二，二分为四，四分为八……直到最后面包变成了一个个微小的、不可再分的粒子，他称之为"原子"，"原子"在希腊语中是"不可分"的意思。中国古代哲人庄子在《庄子·天下篇》中提出"一尺之棰，日取其半，万世不竭"的观点，认为一根一尺长的木棒，今天取其一半，明天取剩下一半的一半，后天再取一半的一半的一半……每天如此，但总有一半留下，永远也取不尽。木棒如此，其他一切事物皆等同此理，庄子借此为人们塑造了一个无限可分的世界。从庄子的"物质无限可分"到德谟克利特的"物质最终分成不连续的原子"的观点是"无限"思想的演变的，尽管他们所处地域不同、信仰不同、文化相异，但在认识世界的过程中，人类有思想的共同性。物理学所具有的开放包容、人类命运共同体的思想对于同学们开阔知识视野是非常有益的。

1
古希腊时期的物理思想实验

古希腊是世界"五大文明摇篮"之一，其在科学艺术、哲学等领域做出巨大贡献。古希腊的先哲们对自然哲学的研究更为突出，今天的数学、物理学、化学、生物学等自然科学都可以溯源到古希腊自然哲学的研究成果。当然，他们在物理思想实验中也有典型的贡献。

1.1 德谟克利特的原子论

德谟克利特是古希腊原子论的创始人之一，约公元前460年生于色雷斯海滨的商业城市阿布德拉（Abdera），童年学习过神学和天文学，后来成为留基伯的学生。据说留基伯曾师从阿纳克萨哥拉（Anaxagora），阿纳克萨哥拉提出世界万物都是由"种子"组成的，"种子"有无限多种，每一种都有特定的形式、颜色和气味，物体含有哪一种"种子"多，就表现为哪种性质。

图1-1 德谟克利特

德谟克利特发展了"种子"学说，他认为宇宙万物是由原子和虚空组成的。"原子"在希腊语中意指"不可分"的，原子有大小和形状两种属性，无数的原子永远在无限虚空中的各个方面运动着，并相互冲击形成旋涡，原子以不同次序和位置结合起来，产生不同的物体。德谟克利特认为，"甜是约定俗成的，苦是约定俗成的，热是约定俗成的，冷是约定俗成的，颜色是约定俗成的，实际上只有原子和虚空"。即使所谓的"灵魂"也可看作是由"光滑精细、运动极快的、圆形的原子结合而成，因而也是物质"。

在他看来，原子的质量、密度和硬度属于第一性，而甜、苦、热、冷、颜色等属于第二性，是从属的。原子分离，物体变化而不消灭，物质实体的产生和消灭被解释为微小的、坚硬的不可毁灭的粒子的联结和飞散。德谟克利特还试图用原子和虚空的学说来解释许多复杂的现象。他认为人类的感觉来自原子的刺激，视觉是由物体产生的一种原子"流射"到人的眼睛产生刺激所产生的，听觉是由空气产生的原子刺激人的耳朵所产生的。磁石能够吸引铁是因为磁石的原子更精细，易于钻进铁内，和铁原子一起移向磁石。黑色来自粗糙的原子，白色来自光滑的原子，原子表面光滑程度不同引起了视觉的差异，颜色只是表现，原子才是本源。很显然，德谟克利特的学说是古代唯物主义哲学的代表。马克思、恩格斯曾对德谟克利特给予高度评价，称他是"经验的自然科学和希腊人中第一个百科全书式的学者"。

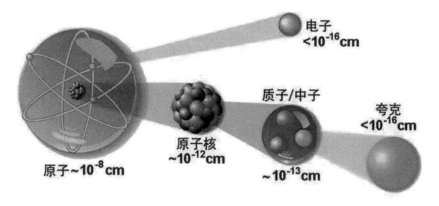

图1-2 物质可以无限细分吗

当然，德谟克利特的原子论不可能通过物质实验来验证，纯粹是基于哲学的思辨，也就是思想实验。在今天看来，这些学说有些粗陋，但是公元前4世纪的科学哲学家通过思想实验建立起来的原子论理论体系，对自然现象和精神现象的解释，以及对近代牛顿力学中质点、刚体、微粒及其运动规律的发现，化学中的分子、原子，生物学中的细胞等科学概念和理论体系都具有启发意义，我们不得不赞赏思想的力量。

1.2 古希腊时期的时空观念

时间和物理空间是物理学研究的基础性概念，时空观念一直伴随着物理学理论的探索进程。牛顿提出了时空独立于物质而存在的绝对时空观，由此确立了经典物理学的时空构架。爱因斯坦在相对论中否定了牛顿的绝对时空观，提出了相对时空观。我国传统文化中一直有"天人合一"的时空观，古代中国应用技术发明比较发达，但物理科学理论一直建树不大，这和我们传统时空观念有一定的关系，我们没有把时空作为客观现实来研究，而是赋予自然以人性，用人的感受来推理自然界的规律。

古希腊的学者亚里士多德认为时间具有单向均匀流逝的属性，而且时间是独立于事物之外的。他指出："事物的变化有快慢，而时间没有快慢。"所谓快，就是时间短而变化大；所谓慢，就是时间长而变化小。时间的快慢不能用时间来确定，也不能用运动已达到的量或变化已达到的质来确定时间。就是说，没有什么方法能确定时间的快和慢，因而时间无快慢，一直均匀地流逝着。我国古代学者孔子对时间的属性也有哲学思考，用"逝者如斯夫"来感叹时间像流水一样不停地流逝，一去不复返。说明时间具有单向性，这和亚里士多德对时间的描述本质上是相通的。只是孔子对时间的感悟是从人需要珍惜时光的人文教育角度而不是从科学的角度来思考时间的问题。

柏拉图曾经提出时间就是天球的运动变化，亚里士多德不同意他的老师柏拉图的观点，明确提出时间不是运动，而是使运动成为可以计数的东西。亚里士多德非常敬重他的老师，但是在学术探索上，更坚持真理性标准。他说的一句名言用拉丁语直译就是"柏拉图是朋友，但是真理是更大的朋友"，梁启超将其译为"吾爱吾师，吾更爱真理"，哈佛大学将这句话作为校训。同学们在学习物理学的过程中，不仅要学习物理学知识，还要有自己独立思考的意识和能力，不迷信权威，这是发现物理新规律，成为物理学家的基本条件。

古希腊人对空间的概念也从思想上进行了探讨，原子论者认为空间就是虚无。亚里士多德认为，空间是独立于物质的存在，离开空间别的任何事物都不能存在，另一方面空间像容器一样可以离开物质而存在，当某种物质灭亡时，所处的空间并不灭亡，空间具有绝对性，这是牛顿绝对时空观的思想来源。亚里士多德认为宇宙是有限的球体，圆形的地球静止地居于中心，日、月、星辰都围绕着地球运转，月亮、太阳、行星和恒星分别处在不同的球壳上，它们都做完美的圆周运动。

把人类居住的地域当作中心是在东西方文化中普遍存在的一种社会心理现象。以亚里士多德为代表的古希腊哲学家提出地球是宇宙的中心学说（简称"地心说"），后来托勒密将地

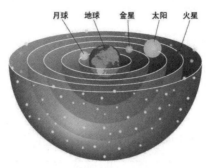

月球　地球　金星　太阳　火星

图1-3　亚里士多德的宇宙模型

心说学科化、体系化，这种时空观长期主导着西方的物理学研究，一直到哥白尼提出日心说。我国古代也提出天圆地方说，但是没有建构起天文学的学科体系，而是更多地关注了政治经济文化意义上的中国所处的地理位置是世界的中心、中国之外皆为落后蛮夷之地的意识。西方科学文化学科化的发展，导致11—12世纪，在意大利诞生了最早的大学——博洛尼亚大学，随后，巴黎大学、牛津大学相继诞生，而这个时期，我国还处于北宋与南宋时期，直到1898年，京师大学堂才成立。

1.3　亚里士多德的"自然运动"

现在有些物理教科书和科普读物把亚里士多德所著的《物理学》中的理论、观点、方法当成错误来批判，好像亚里士多德的理论阻碍了物理学的发展，这种观点显然是不对的。科学的发展都是在不断纠正前人理论不足的基础上进步的，我们今天看似正确的观点，也可能会被后人所扬弃。亚里士多德对物体运动的描述，是建立在观察的基础上，更是借助于"哲思"，也就是思想实验来完成他的运动学理论体系的。恩格斯

曾赞誉亚里士多德是古希腊哲学家中最
博学的人，是古代世界的黑格尔。

亚里士多德认为，事物有两种存
在状态，一种是潜在状态，一种是现实
状态。运动就是事物由潜在状态转变成
现实状态，事物由一种状态变为另一种
状态，必然是运动。当然亚里士多德所
说的运动既包括车马的奔跑、日出、

图1-4　亚里士多德

日落，也包括动植物的生长。也就是说，在亚里士多德的运动
思想中，广义的运动即变化，变化可以分为实体的变化、性质
的变化、数量的变化和位置的变化。自然界的事物在其自身内
部都具有一种运动和静止的根源，事物不仅有运动的属性，也
有静止的属性。在自然过程中产生的一切事物都是动与静对立
统一的结果，不存在离开事物而独立存在的运动，运动是永恒
的、无限的。亚里士多德的运动学思想包含着丰富的辩证唯物
主义思想。亚里士多德所言的"物理学"，在拉丁语中的本义
就是"自然哲学"，意指事物之理，这种哲学思想与老子和庄
子的"道法自然"思想有相通之处。清末我国学者把西方"物
理学"先是译为"格物""格致"，直到1900年后才广泛译为
"物理学"。

我们的物理教科书把亚里士多德描述为一个"提出的观
点总是错误"的科学家，这样是有失偏颇的。老师在讲解自由
落体运动时，会提到亚里士多德的观点"重的物体比轻的物体
下落快"，最后被伽利略在比萨斜塔用实验给推翻了。其实，
这个著名的实验在科学史上只是一个"传说"，而非经过验
证的事实。比较准确的说法是，伽利略采用思想实验，对亚里

图1-5　意大利比萨斜塔

士多德"落体学说"进行了反驳。伽利略在1638年写的《两门新科学的谈话》一书中提到：让一重物体和一轻物体束缚在一起同时下落，按照亚里士多德的观点，这一理想实验将会得到两个结论。首先，由于这一联结，重物受到轻物的牵连与阻碍，下落速度将会减慢，下落时间将会延长；其次，也由于这一联结，联结体的重量之和大于原重物，因而下落时间会更短。显然这是两个截然相反的结论。因此，伽利略写道："这两个结果的互不相容证明亚里士多德错了。"

亚里士多德关于物体运动的结论虽然有不足，但他的假说并非简单的"物体越重，下落得越快；物体越轻，下落得越慢"。亚里士多德关于物体运动快慢的完整表述是"我们看到同一重量或同一物体运动的快慢，有两个原因，一是运动所通过的介质不同，二是运动物体自身轻重不同，如果运动的其他条件相同的话"，也就是说，重的物体比轻的物体下落快是在介质相同、其他条件相同的前提下才得出的结论。亚里士多德还认为，在真空中，物体下落一样快，但他又认为，这个结论是不可想象的，因为不可能有真空。科学史料记载，1590年前后，伽利略的确用两个不同质量的球，在比萨斜塔上进行了自由落体实验，但是真实的实验结果是，较轻的球先接触到地面，后来解释说是因为伽利略握重球的手更用力，导致释放时慢了些，这才让轻球比重球先接触地面。直到1568

年，史特芬才通过实验证明，除了空气阻力所造成的差异不计外，重的物体和轻的物体是按同一速度降落的，最终否定了亚里士多德提出的"轻重是影响运动快慢的本质特性"的观点。

物理学史说明，亚里士多德认为重的物体比轻的物体下落快，如果站在尊重实验结论的立场上，也是有道理的。因为日常生活中的物理现象或者在真空管出现之前，进行物质实验，实验得出的结论肯定是重的物体比轻的物体下落快，而伽利略的实验结果是轻的物体下落快，是依靠思想实验和逻辑悖论得出的正确结论。这说明，在人类物理学发展史上，物理学规律的发展并不是某一个人突发奇想就产生出来的，而是一代代物理学家共同辛勤探索的结果。即使失败，也是一种荣光。因为科学的发展和进步总是在克服失败、谬误，发现真理的过程中前进的，它不是一帆风顺的，而是一部艰苦奋斗的历史。

1.4 芝诺的"阿喀琉斯与乌龟"及"飞矢不动"

芝诺是巴门尼德的弟子，相传芝诺曾在一本书中讲述了四十多个悖论，遗憾的是只有少数几个悖论因在他人的著作中被引用才流传下来，其中"阿喀琉斯与乌龟"与"飞矢不动"两个悖论就是典型的例子。巴门尼德和芝诺都是一元论者，主张"一切即一"，现实是单独的、恒常的、不变的、永恒的存在，宇宙中变化及多样性的表象都是虚幻的。辩证唯物主义的思想核心也是坚持世界统一于物质，坚持唯物主义一元论。从哲学思想的发展历程来看，巴门尼德坚持的现实的一元论思想有其可取之处。

阿喀琉斯是荷马史诗中一位善跑的英雄，芝诺虚构了阿喀琉斯与乌龟赛跑的一段故事。狡猾的乌龟向古希腊英雄阿喀琉斯挑战赛跑，他挑衅道："假如你让我先跑一段距离，那么你永远都追不上我。"阿喀琉斯爽快地同意让乌龟先跑10米，还笑着说："我就算跑得再慢，速度也是你的10倍，1秒后将会赶上你。""并非如此！"乌龟

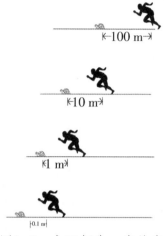

图1-6 永远领先一步的乌龟

喊道，"我先行，所以必将击败你。假设你的速度是10m/s，我的速度是1m/s。你起跑的时候，我在10m位置。现在你来追我了，当你跑到我现在这个位置，也就是跑了10m的时候，我又向前跑了1m，当你再追到这个位置的时候，我又向前跑了0.1m。以此类推，每当你到达我前1s所在位置时，我都会向前移动一段距离。总之，你只能无限地接近我，但你永远也不可能追上我。"至此，伟大的战士阿喀琉斯承认被乌龟打败了。

"飞矢不动"是芝诺提出的另一个悖论。这个悖论是这样被阐述的——"对处于飞行状态的箭，如果我们想要测量它所占据的空间，可以将其飞行时间分割成无数段，而它在每段时间里所占据的空间等于它自身的空间，因此，正在飞行的箭符合静止的定义。换句话说，想要断定箭到底是在运动还是静止，根本是不可能的！因此，运动概念也随之崩溃了。人们往往引用传闻中的芝诺与其学生的对话来说明"飞矢不动"的思想。

芝诺问他的学生："一支射出的箭是动的还是不动的？"

"那还用说，当然是动的。"

"确实是这样，在每个人的眼里它都是动的。可是，这支箭在每一个瞬间都有它的位置吗？"

"有的，老师。"

"在这一瞬间，它占据的空间和它的体积一样吗？"

"有确定的位置，又占据着和自身体积一样大小的空间。"

"那么，在这一瞬间，这支箭是动的，还是不动的？"

"不动的，老师。"

"在这一瞬间是不动的，那么在其他瞬间呢？"

"也是不动的，老师。"

"所以，射出去的箭是不动的？"

除了"阿喀琉斯与乌龟""飞矢不动"，另一个存世的芝诺悖论是"二分法"，通常表述为：如果你想从教室的一边走向另一边，必须先走到中间位置（即中点），想要到达中点，你必须到达四分之一点；想要到达四分之一点，你必须先走到八分之一点，如此分割，永无止境。芝诺的悖论思想在数学界掀起了一场革命，即无穷级数及其发展帮助人们打开了微积分的大门。当然，在物理学领域，人们否定时间和空间具有无限可分性，并用普朗克常数定义了时间和空间的最小可测量单位，时间约为10^{-43}秒，长度约为1.6×10^{-35}米。

《庄子·天下》记载了中国古代辩论家惠施的"飞鸟之影，未尝动也"的论述，意思是飞鸟的影子和飞鸟相对，总是一样的，是没有动的。数学家、哲学家罗素认为物理学家对芝诺的否定有失妥当，并未切中芝诺理论的实质。罗素认为，在芝诺时代，他并未受到应有的欣赏，被视为"不值一提的聪明骗子"，但他的思想为数学的复兴奠定了基础。

1.5　古希腊时期的思想实验对近代物理学发展的贡献

我们今天讲的古希腊时期的物理学思想，是基于今天物理学的学科思想来回溯古人对物理学知识和思想的贡献而言的。亚里士多德所著的《物理学》，严格意义上而言应该译为"自然论"或"自然哲学"，直到17世纪80年代，牛顿出版的物理学研究著作仍然称为"自然哲学的数学原理"，牛顿《自然哲学的数学原理》一书的出版标志着物理学作为独立的学科从自然哲学中分离出来。我国把physics译为"物理学"可能始于1900年日本学者饭盛挺造编纂、藤田丰八翻译的《物理学》一书。

图1-7　亚里士多德
著作《物理学》

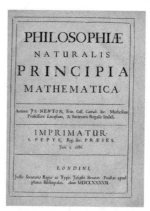

图1-8　《自然哲学的
数学原理》扉页

在古希腊，物理学是哲学的一部分，以亚里士多德为代表的哲学家，在思考世界的本原和运动规律的过程中，由于实验条件的限制，主要通过日常观察加上哲学思考来得出物理规律。因此，思想实验与逻辑推理研究方法是古希腊思想家留给我们学习物理、研究物理的重要方法。实际上物理学史上的重大理论突破，无不是首先从物理思想实验入手，结合自然哲学意义上的理论与方法，最后借助于物质实验来证实的。可以说物理思想实验方法对近代物理学的发展提供了方法论意义的贡献。

古希腊哲学家借助物理思想实验方法总结出来的物理学知识和规律为近代物理学的发展奠定了基础。17世纪，英国哲学家培根致力于恢复德谟克利特的原子论，法国哲学家伽桑狄在1640年又极力研究、发表和宣传伊壁鸠鲁的原子论。科学史的研究表明，牛顿在剑桥三一学院就学习和认同伊壁鸠鲁和伽桑狄的原子论，并运用原子论思想开拓了数学上的"流数"概念和微积分，在光学研究中提出了光微粒说，在力学研究中以原子论为思想基础提出了质量、质点的概念和万有引力定律也是基于原子论的思想基础。

除了原子论，古希腊百科全书式的哲学家亚里士多德借助思想实验总结出的关于物质运动规律的理论，也为近代物理学的发展奠定了基础。他第一次系统研究世界万物的运动现象，并将运动分为以下三种。（一）实体的变化：产生和灭亡；（二）非实体的变化：性质的变化和数量的增加或减少；（三）空间方面的变化：位置的变动。在其著作《物理学》中，他提到事物或静止不动，或如果没有某一更有力的事物妨碍的话，它必然会无限地运动下去。运动的快慢受运动物体所通过介质（如水、土、空气等）的影响和物体自身轻重的影响。这些借助思想实验和逻辑推理总结出来的运动学规律，为近代物理学的发展奠定了基础，即使有些运动学结论并不正确或者不科学，但也为近代物理学家站在其肩膀上开拓创新提供了帮助。在力学领域，古希腊哲学家阿基米德为近代力学的发展做出了重要贡献。他的思想实验"给我一个可依靠的支点，我就能把地球撬动"，给我们展示了杠杆的力量。他不仅在《论板的平衡》一书中奠定了力的平衡和杠杆理论，还在《论浮体》一书中建立起液体静力学。古希腊先哲们对近代物理学的发展做出了奠基性的贡献，物理实验思想作为一种研究方法产生了巨大影响。

2

力学中的
思想实验

力学是物理学中最古老的一个分支，它和人类的生活与生产实践活动联系最为密切。在古代，人们就在生产劳动中使用杠杆、滑轮、斜面等简单机械，从而促进了静力学的发展。以亚里士多德、阿基米德为代表的古希腊哲学家、物理学家已经初步提出了关于时间和空间、物体运动的理论。对于机械运动，形成了依靠直观感觉的常识物理学。其中亚里士多德关于时间和空间、物体运动以及力与物体运动关系的探讨，一直像科学发展史上的圣经一样影响着科学进程。到了17世纪，伽利略、牛顿等科学家开始把科学思维和物质实验研究结合在一起，建立了经典力学，为近现代物理学的发展开辟了正确的道路。尤其是伽利略，在早期研究过程中，由于时代的限制，所进行的物理实验还很简单，伽利略充分发挥抽象推理和思辨的作用，结合实际操作的实验，构思出精彩巧妙的思想实验，对经典力学的发展起到了非常重要的奠基作用。

2.1　理想斜面实验

机械运动是物理学中的重要问题，西方哲学家甚至认为"对运动无知，也就对大自然无知"。生活中的经验告诉我们，要想改变一个静止物体的位置，必须给它施加力的作用，要想使它运动得更快，必须用更大的力推它。亚里士多德把以常识、逻辑推理为主导的研究结论写在他的著作《物理学》中，他说："能运动者是在推动者推动之下才能运动的"，更进一步指出，"下落的本质是沉重的物体总能比轻盈的物体更快地找到它们自然的位置"。科学史上把亚里士多德的理论观点又描述为：

物体需要受力才会运动，当推一个物体运动的力不再推它时，该运动物体便归于静止。物体越重，下落速度越快。

在中世纪就有很多学者对亚里士多德的观点提出了质疑。直到伽利略提出理想斜面实验，人们才彻底认识到亚里士多德观点的错误，开始摆脱常识物理学的约束。

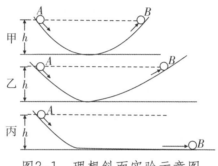

图2-1　理想斜面实验示意图

伽利略在其著作《关于托勒密和哥白尼两大世界体系的对话》和《两门新科学的谈话》中描述了如上图所示的实验：让一个小球自A点沿斜面从静止状态开始运动，运动到斜面底端的小球将获得速度，然后将"冲"上另一个斜面，如果没有摩擦，小球将到达与A点高度相同的B点。如果第二个斜面倾角减小，小球仍将到达原来的高度，但是运动的距离会更长。当斜面最终变为水平面时，小球将永远达不到原来的高度，而是要沿着水平面以恒定的速度持续运动下去。这足以说明，力不是维持物体运动的原因。伽利略由此得出结论：在理想情况下，如果表面绝对光滑，运动物体受到的阻力为零，这时物体将以恒定不变的速度永远运动下去。

事实上，斜面和水平面不可能完全光滑，摩擦力也不可能完全消除，平面更不可能无限长，伽利略的斜面实验实际上是一个理想实验，实验结论的得出依靠的是正确的推理过程。虽然这个理想实验不可能实际操作，但是，伽利略在《两门新科学的谈话》中详细描述了他本人精心设计的斜面实验并且有实验数据的记载，历史博物馆中还陈列着据说是伽利略当年用过的斜槽和铜球。由此可见，伽利略构思出的理想斜面实验完全是在真实实验基础上的进一步推理，绝非毫无根据的凭空想象。通过理想斜面实验系列研究，伽利略第一次提出了惯性和加速度的概念，奠定了运动学的基础。事实上伽利略已经无限地接近惯性定律，但是他认为匀速圆周运动也是惯性运动，并认为行星正是由于按圆周轨道做匀速运动才能永恒地运转。1644年，笛卡儿（1596—1650，法国哲学家、数学家和科学家）在《哲学原理》一书中以两条定律的形式给出了惯性定律，并且认识到惯性定律是解决力学问题的关键所在，但是笛卡儿只停留在概念提出阶段，并没有成功解决力学体系问题。1687年，牛顿发表的著作《自然哲学的数学原理》，把惯性定律作为经典力学的第一原理正式提了出来，建立起完整的经典力学体系。

2.2　自由落体实验

物体下落是日常生活中最常见的机械运动，有关物体下落的规律和理论解释在物理学发展的早期就被关注。从亚里士多德的"自然运动"说，到传说中的伽利略比萨斜塔实验和启发牛顿发现万有引力定律的落地的苹果，都围绕着一个中心话题——物体的下落运动。

亚里士多德的运动理论把运动分成自然运动和强迫运动。

重物下落、天上星辰围绕地心做圆周运动是自然运动，该理论认为重物下落是物体的自然属性，物体越重，趋向自然位置的倾向性就越大，所以下落速度也越快，物体下落速度与物体重量成正比。伽利略巧妙地运用逻辑推理发现了亚里士多德论述中的逻辑矛盾，在《关于托勒密和哥白尼两大世界体系的对话》一书中，伽利略以对话的形式，构思出两个物体一起下落的思想实验：

　　萨尔维亚蒂：尽管没有进一步的实验可以清楚地证明，但借助这个简短且具有决定性的论证，的确无法证明重的物体比轻的物体下落得更快……

　　辛普利西奥：毋庸置疑，每个物体的下落速度都是固定的，这是由自然决定的。

　　萨尔维亚蒂：那么，根据亚里士多德所说，如果找到两个速度不同的物体，并将它们连在一起，那么速度快的物体将在一定程度上被速度慢的"拖累"；反之，速度慢的物体将或多或少被速度快的带动，你同意我的看法吗？

　　辛普利西奥：毫无疑问，你是对的。

　　萨尔维亚蒂：但是，如果这是真的，假设某块大石头的速度为8，而小石头的速度为4。那么，当我们把两块石头拴在一起时，这一物体的速度应小于8且大于4。但是，两块石头拴在一起后，肯定比原来的大石头重，其速度应该大于8才对。所以，这间接证明了，重的物体的速度比轻的物体小。你看，这与你的假设完全相悖。所以，辛普利西奥，我们必须要好好研究一下，为什么两块大小迥异的石头，却能以相同的速度下落？

　　辛普利西奥：你的观点令人敬佩。但我仍不能相信一颗子弹会与一枚炮弹以同样的速度下落。

以上对话在物理学史著作中被简单地改写为："一轻一重的两个物体拴在一起下落。根据亚里士多德的论断，重的物体比轻的物体下落的速度快，由于两个物体连在一起，快的物体由于被慢的物体拖着而减速，慢的物体由于被快的物体拖着而加快。所以，拴在一起的两个物体的速度，应当介于轻、重物体分别下落时的速度之间，这样，物体拴在一起重量增加，下落的速度反而变慢。于是根据亚里士多德的理论，就会得出自相矛盾的结果，由此伽利略批驳了物体下落速度与重量成正比的说法。"对于人们日常生活中常见的较重的物体下落得比较快的现象，伽利略把原因归之于空气阻力对不同物体的影响不同。他写道："如果完全排除空气的阻力，那么，所有物体将下落得同样快。"这时，落体运动也就真正成为自由落体运动了。

对于物体下落的运动规律，伽利略同样通过思想实验进行了研究。当时很多人认为物体下落时做匀加速运动，物体的速度与下落距离成正比，即 $v \propto s$。伽利略假设物体在落下第一段距离后得到某一速度，于是在落下的距离加倍时，速度也应加倍。果真如此的话，则物体通过两端距离所用的时间将和通过第一段距离所用的时间一样，也就是说，物体通过第二段距离不需要时间，这显然是荒谬的。由于技术条件的限制，当时还不能准确测量时间和速度，伽利略借助几何学进行推导，得出下落距离和时间的平方成正比，即 $h \propto t^2$。今天我们都知道物体做自由落体运动的位移公式为 $h = \frac{1}{2}gt^2$，但在实验条件极为简陋的情况下，伽利略能把实验与逻辑推理和谐地结合在一起，既注重逻辑推理，又依靠实验论证，充分发展了人类的科学思维。

　　伽利略通过理想斜面实验得到结论：物体的运动并不需要力来维持，力不是物体运动的原因。伽利略设想出的理想斜面无疑是他得到正确结论的重要前提，事实上，斜面正是伽利略为了研究物体下落问题而创设的物理场景。在研究物体下落时，伽利略只能靠滴水计时，这样的计时工具还是不能测量自由落体运动所用的时间。而且由于物体下落时运动得很快不利于观察和测量，伽利略采用了一个巧妙的方法，利用斜面来"冲淡"重力的影响，"加长"物体运动的距离。他让铜球沿阻力很小的斜面滚下，由于小球在斜面上运动的加速度要比它竖直下落的加速度小得多，所以小球运动到斜面底端所用的时间比它竖直下落所用的时间长得多，在实际操作中容易测量。伽利略对物体沿斜面运动的现象进行合理的推理：当斜面倾角很大时，小球的运动近似于落体运动，如果斜面的倾角增大到90°，这时小球的运动就是自由落体运动。

　　今天我们已经有了打点计时器、频闪照相技术用来辅助研究、演示物体的下落运动，再重新审视伽利略为了研究落体运动而创设的物体沿斜面下滑的物理场景，依然让人赞叹其构思之巧妙。直到今天，物体在斜面上的运动依然是中学物理中常见的运动情景。1971年7月26日，美国阿波罗15号飞船登上月球，宇航员大卫·斯科特在同一高度同时释放了一把锤子和一根羽毛，结果观察到它们同时落到月球表面，这再一次证明了伽利略的结论是正确的。随着真空技术的发展，人们已经制造出了内部为真空的牛顿管，很容易就能观察到同时释放的小球和羽毛运动得一样快。尽管人们怀疑伽利略是否真的曾经登上比萨斜塔释放两个铜球并观察二者是否同时落地，但是这丝毫不影响他的结论的正确性，也无损他的伟大！

图2-2 月球上验证自由落体运动

物体下落是物理学中几乎最普遍、最常见的机械运动，其规律似乎比较简单，实际上落体运动堪称物理现象中的"扫地僧"，看似简单的现象背后隐藏的规律和原因却极其深奥。1932年，匈牙利科学家埃特伏斯和他的同事宣称，他们在实验中证实了伽利略的落体理论。精密测量表明，万有引力对不同重量的物体作用相等，实验中出现了重物下落的速度比轻物稍微慢一些的现象，埃特伏斯和他的同事把这一现象归因于实验设备的缺陷。1986年，美国权威物理学专业期刊《物理学通讯》发表了普渡大学和布鲁海文实验室的研究人员合作的实验结果，这些研究人员也在实验中观测到了埃特伏斯声称的"失误"，但是他们认为这不是失误，而是理论与事实现象不符合，他们提出宇宙间除了万有引力、电磁力、强相互作用和弱相互作用外，还存在第五种力——超电荷力。超电荷力的存在，使重物下落的速度比轻物稍微慢一些。他们的说法是否正确，第五种力到底是否存在，还需要进一步证实。但这足以说明下落运动绝非直觉认为的那样简单，人类对下落运动的研究还没有画上句号。

2.3　伽利略的行船实验

如何解释物体运动的原因以及研究物体怎样运动，伽利略首先遇到的难题是纠正被各种说法弄得混淆杂乱的"运动"

与"静止"的基本概念。哥白尼的"日心说"体系的胜利已经把"绝对静止"论彻底打破，在《天体运行论》中，哥白尼提出太阳是宇宙的中心，地球以及其他的行星都一起围绕太阳做圆周运动，这与当时人们普遍接受的托勒密的"地心说"相矛盾。托勒密认为地球处于宇宙中心，而且静止不动，所有的日月星辰都绕着地球转动。坚持"地心说"的人们对哥白尼的理论提出了这样的质疑：如果地球是高速运动的，为什么在地面上的人感觉不出来？一块石头自高塔顶端自由落下，如果按照哥白尼的观点，地球在绕太阳转动，那么，在石头下落期间，高塔已向东移动了一段距离，所以，石头应该落在塔底以西同一距离，正如一个铅球从正在行驶的帆船桅杆顶部落下时，应落在桅杆脚后一段距离一样。针对这些质疑，伽利略在《关于托勒密和哥白尼两大世界体系的对话》（以下简称《对话》）一书中，通过船舱内观察运动现象的思想实验给予了精彩的解释。

在《对话》中，伽利略借助代表自己观点的萨尔维亚蒂讲述了一个想象的船舱内的情景："把你和一些朋友关在一条大船甲板下的主舱里，再让你们带着几只蜜蜂、蝴蝶和其他小飞虫，舱内放一个大水碗，碗中有几条鱼。然后挂上一个水瓶，让水一滴一滴地滴到下面的一个宽口罐里，船停着不动时，你留神观察，小飞虫将以等速向舱内各方向飞行，鱼向各个方向随便游动，水滴滴进下面的罐子中，你把任何东西扔给你的朋友时，只要距离相等，向这一方向不会比另一方向用更多的力。你双脚起跳，无论向哪个方向跳，跳过的距离都相等。当你仔细地观察这些事情之后，再使船以任何速度前进，只要运动是匀速的，也不忽左忽右地摆动，你将发现：所有上述现象丝毫没有变化。你也无法从其中任何一个现象来确定，船是在运动还是在停着不动。即使船运动得相当快，在跳跃时，你将和以前一样，在船底板上跳过相同的距离，你跳向船尾也不会比跳向船头来得远。虽然你跳到空中时，脚下的船底板向着你跳的相反方向移动。你把任何东西扔给你的同伴时，不论他是在船头还是在船尾，只要你自己站在他的对面，你也并不需要用更多的力。水滴将像先前一样，滴进下面的罐子中，一滴也不会滴向船尾。虽然水滴在空中时，船已行驶了许多拃（长度单位）。鱼在水中游向水碗前部所用的力并不比游向水碗后部来得大，它们一样悠闲地游向放在水碗边缘任何地方的食饵。最后，蝴蝶和苍蝇将继续随便地到处飞行，它们也绝不会向船尾集中，并不因为它们可能长时间留在空中，脱离了船的运动，为赶上船的运动而显出很累的样子……"

图2-3　萨尔维亚蒂船

　　通过对话，伽利略阐述了这样一个结论：通过船内发生的任何一种现象，无法判断船是在运动还是在停着不动，这个结论后来被称为伽利略相对性原理，对话中的"船"就是后来牛顿提出的惯性参考系。在一个惯性参考系中观察到的现象，在另一个惯性参考系中也能没有任何差别地观察到，即所有惯性参考系是平权、等价的。伽利略通过对相对性原理的阐明，提出了运动与静止的相对性。他指出："运动只是相对于没有这种运动的物体才存在"，指出了对不同的参照系（物）运动的不同写照。

　　后来人们总结出由实践经验所证实的相对性原理，对于描述力学规律来说，一切惯性系都是等价的，质点动力学方程均应采取相同的形式，一定的运动过程总是和一定的空间及时间相联系的，当从一个惯性系变换到另一个惯性系时，时空变换关系遵守伽利略变换。

　　如右图所示，S系和S'系均为惯性参照系，设S'系相对于S系以速度v做匀速直线运动，r和r'分别表示质点在S和S'中的位置矢量，t和t'分别表示自S和S'观察同一事件发生的时刻，当研究的问题中涉及的速度远小于真空中的光速时，

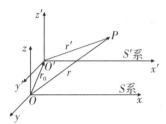

图2-4　伽利略坐标变换

$$\begin{cases} r' = r - vt \\ t' = t \end{cases}$$

　　这一变换关系称为伽利略变换，伽利略变换和我们的生活经验是非常接近的，它的重要特点在于时间和空间是不相联系的，时间的测量与参照系的运动状态无关。

　　单纯从经典力学计算的角度来看，力学的相对性原理告诉我们：已知一个惯性系，其他与之相对做匀速直线运动的参考系也是惯性系。然而，"一切惯性系等价"的思想却蕴含着深刻的意义，这一思想在物理学发展中发挥了重要的作用，爱因斯坦将伽利略的相对性原理发展为"狭义的相对性原理"，他认为"对于描述一切物理过程（包括力学的、电磁的、原子的等等）的规律，所有惯性系都是等价的"。爱因斯坦正是从狭义的相对性原理和"光速不变原理"出发，建立了狭义相对论。

2.4 牛顿大炮实验

在经典力学发展的早期，除了研究日常常见的各种机械运动外，天体是另外一个备受关注的课题，因为早期天文学的发展和航海事业是分不开的。在16—17世纪，资本主义在欧洲兴起，海外贸易和对外扩张刺激了航海的发展，对天文进行系统观测成为迫切要求。第谷·布拉赫（1546—1601，丹麦天文学家和占星学家）以毕生的精力采集了大量天文观测数据，他对星象观测的精确严密在当时达到了前所未有的程度。由第谷编制的星表已经接近肉眼分辨率的极限。他的出色工作为其弟子——大名鼎鼎的开普勒的后续研究做好了数据准备。约翰尼斯·开普勒（1571—1630，德国杰出的天文学家、物理学家、数学家）于1609和1619年先后提出了行星运动的三大定律——开普勒定律。1673年，克里斯蒂安·惠更斯（1629—1695，荷兰著名的物理学家、天文学家、数学家）提出了离心力公式，这是推导引力平方反比定律的必由之路，后来，罗伯特·胡克（1635—1703）声称可以用平方反比关系证明一切天体的运动规律。尽管当时人们得到了平方反比关系，但是还没有认识到引力的普遍性，对吸引的本质还没有认识清楚。应哈雷的要求，牛顿于1684年用9个月完成了论文《论物体的运动》。在这篇论文中，牛顿解决了惯性问题，明确了引力的普遍性，证明了均匀球体吸引球外的每一个物体，吸引力与球的质量成正比，与到球心的距离的平方成反比，提出可以把均匀球体看成是质量集中在球心，引力是相互的，并且证明了开普勒定律的正确性，这就是著名的万有引力定律。

当时，开普勒的天文观测已经能够准确地描述火星绕太阳的运动规律，早在1610年，伽利略就用他发明的伽利略望远镜发现了月球上的山岭和火山口，木星和它的卫星，太阳和它的黑子运动。人们自然会思考：月球为什么不会落到地球上？是什么让行星能够如此完美地围绕着太阳做椭圆形的运动？

牛顿的万有引力定律解释了物体之间引力的规律，那么这个力又是如何让天体能够如此按规律地运动的呢？在《论物体运动》的第二部分，牛顿又进一步阐述了万有引力的思想。他这样写道："由于向心力，行星会保持于某一轨道，如果我们考虑抛体运动，这一点就很容易理解：一块石头投出，由于自身重量的压力，被迫离开直线路径，如果单有初始投掷，理应按直线运动，而这时却在空气中描出了曲线，最终落在地面；投掷的速度越大，它在落地前走得越远。于是我们可以假设，当速度增到如此之大，在落地前描出一条1，2，5，10，100，1000英里长的弧线，直到最后超出了地球的限度，进入空间永不触及地球。"

1687年，牛顿在其撰写的《自然哲学的数学原理》一书中，提到了"我的幻想"的思想实验，回答了他在科学界一生的"宿敌"——罗伯特·胡克提出的问题：倘若一个掉落在地球表面的物体能够畅通无阻地向地心坠落，将会发生什么呢？牛顿认为，这个物体将沿螺旋形的轨迹运动，在经过无数次旋转后停在地心。而胡克则认为，该物体的

图2-5 罗伯特·胡克

运动轨迹将呈椭圆形，并以一种"上升与下降不断交替"的方式旋转。为了更好地阐述自己的观点，牛顿在书中描述了一个

广为人知的思想实验——"牛顿大炮"。在高山上架设一门大炮，倘若击发一枚炮弹，它在飞行一段时间后必将落于地表。那么，如果炮弹的速度足够大，由于地球是圆的，它将绕着地球表面飞行永不掉落。运用万有引力定律计算出，如果想让这样一枚炮弹以圆形轨道绕地球飞行，其速度必须达到16000英里/小时，也就是我们现在所讲的第一宇宙速度7.9千米/秒。

牛顿大炮实验很好地解释了月球围绕地球转动时，为什么月球既不会碰到地球，也不会飞离到太空中去，也很好地解释了人造地球卫星发射和运行的原理。行星围绕太阳也是如此。

图2-6　牛顿大炮实验直观图

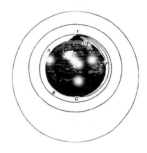

图2-7　牛顿的抛体运动图

牛顿还构思了另外一个思想实验——"小月球"。牛顿写道："月球轨道很小，且与地球如此接近，几乎能碰到最高山峰的尖顶，则使它停留在其轨道上的力，接近等于地面物体在该山顶上的重量……，如果小月球失去使之维系在轨道上的离心力，并不再继续向前运动，则它将落向地球，下落速度与重物体自同一座山顶部下落的实际速度相同，因为使二者下落的作用力是相等的……，所以，这两种力，即重物的重力和月球的向心力都指向地球中心，相似而且相等。"

通过"牛顿大炮"和"小月球"这两个思想实验，牛顿把地面上物体所受的重力和天体受力统一起来，还把他在月球方面得到的结果推广到行星的运动上去，并进一步得出所有物体之间的引力遵循相同规律的结论。牛顿断言，宇宙的每一个物体都以引力吸引别的物体，这种引力存在于万物之中，称为"万有引力"。这个引力同相互吸引的物体的质量乘积成正比，同它们之间距离的平方成反比，这标志着牛顿终于领悟了万有引力的真谛，找到了地球上物体下落和天体运动的原因。他根据这个定律建立了天体力学的数学理论，从而把天体的运动同地面物体的运动纳入统一的力学理论之中，建立了以三大定律和万有引力定律为基础的经典力学体系，这是人类科学认识的一次重大综合和飞跃。

2.5 牛顿的旋转水桶实验

在建立了经典力学体系后，牛顿发现这个体系是不完备的：运动是相对于参照系而言的，同一物体的运动情况在不同的参照系中观察时情况不同，因此，在描述运动时必须要指明是在哪一个参照系内进行描述。经典力学是以机械运动为核心的理论体系，适用的参考系称为惯性参考系，如果已经找到了一个参照系为惯性系，那么，所有相对于它做匀速直线运动的参照系都可以称为惯性系。问题是，这个最初的惯性系到哪里去寻找呢？通常是近似地把地面看作惯性系，实际上，地球是在不停地自转的，同时还围绕着太阳公转，具有向心加速度，所以，地球不可能是一个标准的惯性系。以此类推，太阳也不是标准的惯性系。为了解决惯性运动的起源，也由于建立力学体系的需要，牛顿引入了绝对时间和绝对空间的概念，来提供一个标准判断宇宙万物所处的状态，即物体究竟是静止、匀速运动还是加速运动，这样才能使"力学有明确的意义"，为了证明"绝对运动""绝对空间"的存在，牛顿提出了著名的"水桶旋转"实验。他写道：

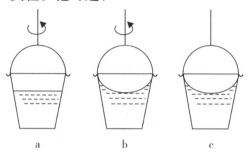

图2-8　牛顿的旋转水桶实验示意图

"如果用长绳吊一水桶，让它旋转至绳扭紧，然后将水注入，水与桶都处于静止之中。再以另一力突然使桶沿反方向旋转，当绳子完全放松时，桶的运动还会维持一段时间。水的表面起初是平的（如图2-8a所示）。但是后来，当桶逐渐把运动传递给水后，水也开始旋转。于是，可以看到水渐渐地脱离其中心而沿桶壁上升形成凹状（如图2-8b所示）。运动越快，水升得越高。直到最后，水与桶的转速一致，水面即呈相对静止（如图2-8c所示）。水的升高不仅显示了它脱离转轴的倾向，也显示了水的真正的、绝对的圆周运动。这个运动是可知的，并可从这一倾向测出，跟相对运动正好相反。在开始时，桶中水的相对运动最大，但并无离开转轴的倾向。水既不偏向边缘，也不升高，而是保持平面，所以它的圆周运动尚未真正开始。到后来相对运动减小时，水却趋于边缘，证明它有一种倾向要离开转轴。这一倾向表明水的真正的圆周运动在不断增大，直到它达到最大值后，这时，水就在桶中相对静止。所以，这一倾向并不依赖于水相对于周围物体的任何移动，这类移动也无法定义真正的圆周运动。"牛顿对这个思想实验的解释为：实验开始时，水虽相对于桶壁在旋转，但相对于绝对静止参考系是静止的（流体水还没有被桶壁带动起来），所以水面是平的。当桶壁继续旋转时，由于水的黏滞性，它会被旋转的桶壁带动起来，相对于绝对静止参考系，水进入旋转状态，并在相对于绝对静止参考系旋转的离心力作用下，水面中心会向下凹，从而证明了绝对静止参考系的存在。因此，牛顿认为存在绝对空间，桶和水的相对运动不是水面下凹的原因，这个现象的根本原因是水在空间里绝对运动的加速度。

绝对空间在哪里？牛顿曾经设想，绝对空间在恒星所在的遥远的地方，或许在它们之外更遥远的地方。他提出假设，宇宙的中心是不动的，这就是他所想象的绝对空间。牛顿当时清楚地意识到，要想给惯性原理一个确切的意义，就必须把空间作为独立于惯性行为之外的原因引进来，空间和时间是经典力学的理论基石。对于空间和时间，牛顿在其《自然哲学的数学原理》一书中写道："绝对的空间，本质上是与外界无关的，是同一的和静止的"，"绝对的、真正的和数学的时间，本质上是一种与外界物体无关的均匀流动"。所以用来度量空间的标准尺是绝对的，与物质的运动是无关的。运动的标准钟和静止的标准钟的快慢是完全相同的，因为时间也是绝对的，与物质的运动无关。即空间和时间是各自独立地存在着的，这就是人们所说的绝对时空观。

尽管在今天看来，牛顿的绝对时空观是不正确的，但是爱因斯坦认为，牛顿引入绝对空间，对于建立他的力学体系是必要的，这是在那个时代"一位具有最高思维能力和创造力的人所能发现的唯一道路"。

2.6　马赫的水桶实验

　　牛顿在水桶实验中提出的绝对时间和绝对空间概念曾受到同时代的人，如惠更斯、莱布尼兹等的质疑。但由于牛顿力学的巨大成就，牛顿的绝对时空观一直被人们普遍接受。英国哲学家贝克莱就通过思想实验，质疑过牛顿的理论，他说："让我们设想有两个球，除此之外空无一物，说它们围绕共同的中心做圆周运动，是不能想象的。但是，若天空上突然产生恒星，我们就能够从两球与天空不同部分的相对位置想象出它们的运动了。"贝克莱的观点指出了运动和空间具有相对性。对牛顿的绝对空间提出建设性批评的是两百年后的奥地利物理学家和哲学家恩斯特·马赫。马赫在1883年出版的《力学史评》一书中对牛顿的绝对空间和绝对运动作了深刻的批评。

　　马赫不同意把惯性看成是物体固有的性质，认为在一个孤立的空间里面谈论物体的惯性是毫无意义的，提出惯性来源于宇宙间物质的相互作用。他对牛顿水桶实验提出了另外一种解释：牛顿水桶实验中水面凹下，是它与宇宙远处存在的大量物质之间有相对转动密切相关的。当水的相对转动停止时，水面就变平。反过来，如果水不动而周围的大量物质相对于它转动，则水面会凹下。

　　针对牛顿的绝对时间和绝对空间，马赫驳斥说："我们不应该忘记，世界上的一切事物都是相互联系、相互依赖的，我们本身和我们所有的思想也是自然界的一部分。""绝对时间是一种无用的形而上学概念，它既无实践价值，也无科学价值，没有一个人能提出证据说明他知晓有关绝对时间的任何东西。"马赫认为，绝对运动的概念也是站不住脚的："牛顿旋转水桶的实验只是告诉我们，水对桶壁的相对转动并不引起显著的离心力，而这离心力是由水对地球的质量和其他天体的相对转动所产生的。如果桶壁愈来愈厚，愈来愈重，最后达到好几海里厚时，那时就没有人能说这实验会得出什么样的结果。"

马赫不同意牛顿对旋转水桶实验的解释，他认为不存在独立的绝对静止空间。对于旋转水桶实验，他认为在实验开始时水由于惯性而保持静止，水桶继续旋转时，它的黏滞力克服惯性力使水也旋转起来，这时水受到的离心力导致水面下凹。水的惯性是整个宇宙物质的引力作用在水上所造成的。

牛顿的绝对静止参考系中的物质惯性，被马赫用宇宙的全部质量（恒星坐标系）对局部物质的作用所导致的物质惯性代替，即任一物体的惯性是受宇宙中所有其他物体作用的结果（马赫原理）。马赫的论述批驳了流行了两百多年的机械自然观，揭示了牛顿力学的局限性，在当时的科学界和思想界产生了很大的震动。爱因斯坦高度评价马赫的批判精神，把他称为相对论的先驱，在悼念马赫的文章中，爱因斯坦写道："是恩斯特·马赫在他的《力学史评》中冲击了这种教条式的信念，当我是一名学生的时候，这本书正是在这方面给了我深刻的影响。"

2.7 力学中的思想实验对物理学发展的贡献

伽利略在近代物理学发展的早期，发扬光大了阿基米德利用数学方法研究物理问题的传统，充分发挥了逻辑推理的作用，在实验的基础上，构思出巧妙的思想实验，形成了完整的科学研究方法，有力地推动了物理学的发展，具有重要的方法论意义。为此，爱因斯坦对伽利略给予了高度评价："伽利略的发现以及他所应用的科学的推理方法是人类思想史上最伟大的成就之一，而且标志着物理学的真正开端。"

理想斜面实验不仅帮助人们发现了惯性定律，更重要的是为后来的物体下落运动做好了方法和知识上的积淀，这一系列进展使人们摆脱了以亚里士多德为代表的常识物理学的约束，开始进入借助数学工具，发挥抽象推理，注重实验对物理现象进行研究的新阶段。物体自由下落思想实验和爱因斯坦追光思想实验实际上是"以彼之矛攻彼之盾"，由原有理论体系推导出自相矛盾的结论，形成悖论或者佯谬。出现悖论是对旧理论体系有力的反驳，解决悖论的过程实质上就是在批判旧体系基础上建立新理论。上述两个思想实验对于经典力学和狭义相对论的发展都起到了萌芽作用。从牛顿抛体实验和水桶实验到爱因斯坦列车思想实验，实际上是从以牛顿绝对时空观为基础的经典力学理论体系正式形成到以爱因斯坦相对时空观为基础的相对论建立的现代物理学发展历程。从近代物理学到现代物理学的发展过程中，思想实验始终在发挥着重要作用。

3

热力学中的思想实验

人们对热学问题的关注可以追溯到火的发明与应用，50万年前的中国北京周口店人就已经会用火了。古代陶器、铁器、铜器的发现，说明人类已经可以用火制造劳动和生活工具。春秋战国时期，庄子在《庄子·杂篇·外物》中就有"木与木相摩则然，金与火相守则流"的论述，西汉淮南王刘安所招致的淮南学派的学者所著的《淮南万毕术》中有冰透镜取火和燃烧的艾火使鸡蛋壳飞起来的实验记载等。热力学作为一门学科始于伽利略温度计，温度计的广泛应用以及对热与温度计中介质运动的思考，促进了对热现象的力学研究。"温度计水柱的升降提供了永动机的一个例子，有一个作者实际上把这个仪器称为'表示热和冷的程度的永动机'"[①]。热力学的典型思想实验中就有卡诺理想热机。

3.1　卡诺理想热机

在18—19世纪，蒸汽机的发明和发展，使热学成为一门具有非常重要实际应用的学问，激发起人们对热学理论的研究热情。1824年，法国工程学家萨迪·卡诺发表了《论火的动力和适合产生这种力的机器的考虑》一书。在这本论著中，卡诺围绕工程领域存在争论的两个核心问题进行了理论探索：一是热机的效率是否有一个极限，二是什么样的热机工作物质是最理想的。在工程实

图3-1　萨迪·卡诺

---

① 弗·卡约里. 物理学史[M]. 戴念祖，译. 桂林：广西师范大学出版社，2002：75.

践中，工程师们试图用空气、二氧化碳、酒精作为热机的工作物质来提高热机的效率，卡诺并没有研究实际热机，而是提出了以他的姓来命名的理想热机和循环——卡诺热机和卡诺循环的概念。

卡诺热机由汽缸、活塞和作为工作物质的理想气体及高温热源和低温热源组成。卡诺循环则包括等温膨胀、绝热膨胀、等温压缩和绝热压缩四个过程。卡诺循环是一个可逆循环，它由前面三个过程构成一个正向过程，类似于实际热机的一个冲程，而它的逆过程就是绝热压缩过程，在绝热压缩时外部输入

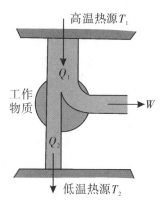

图3-2　卡诺热机的能流图

的功使已降低了温度的工作物质的温度回升到高温热源的温度，并把它们送回高温热源，这个过程是实际热机不可能完成的，因为实际热机是不可逆热机。卡诺循环必须由两台反向操作的可逆热机——卡诺热机来完成。

卡诺用他设计的理想热机证明：工作在恒定高温热源和低温热源之间的任何热机，卡诺热机的效率最高，回答了热机效率的极限问题。同时，他又总结出"热动力与用来产生它的工作物质无关，它的量唯一地由在它们之间产生效力的物体（热源）的温度来确定，最后还与热质的输运量有关"，否定了关于存在什么最佳工作物质的任何猜想。

卡诺通过他的理想热机提出了在热力学理论体系中具有奠基性意义的卡诺定理。卡诺定理建立在三个假设的基础上：①永动机是不可能实现的；②只有存在温度差时才可能产生热

动力;③热是"热质"。前两个假设已经被证明是正确的,第三个假设在今天看来是不科学的。目前对热现象最有力的解释是分子运动论,热是气体分子运动的结果,热本质上是能量的表现形式。当时,卡诺之所以借用"热质"概念,一是因为热质说在当时居于主导地位,二是卡诺选用热质说可以很形象地通过蒸汽机和水轮机的类比来发现热机的规律,"热质"如水从高水位流下推动水轮那样,它从高温热源流出来推动活塞,然后流入低温热源,在整个过程中热质没有任何损失。

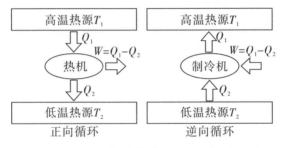

图3-3 卡诺热机循环示意图

卡诺通过理想热机得出十个定理,其中有三个定理在热力学中被广泛应用。卡诺第一定理:对于所有气体,在等温过程中相等的功所产生的或所需要的热量相等,这本质上不过是能量守恒定律在热力学中的一种表述形式。卡诺第二定理:对于所有气体,等压比热与等容比热之差都相等。卡诺第三定理:在相同的温差范围内,相同的热量产生的功不相等,两个热源的温度愈低,所产生的功就愈大,反之就愈小。后来开尔文完善了卡诺定理的表述:不可能制造出这样一种循环工作的热机,它只使单一热源冷却来做功,而不放出热量给其他物体,或者说不使外界发生任何变化。卡诺热机的热效率的数学表达式为:

$$\eta = \frac{\Delta T}{T_1} = \frac{T_1 - T_2}{T_1} = 1 - \frac{T_2}{T_1}$$

这个公式可以进一步分析解读为：

（1）工作于两热源之间的一切可逆热机，它们的热效率都与卡诺热机效率相等，即

$$\eta = 1 - \frac{T_2}{T_1}$$

（2）工作于两热源之间的一切不可逆热机的热效率都小于卡诺热机的热效率，即

$$\eta < 1 - \frac{T_2}{T_1}$$

从以上卡诺热机效率的数学表达式，我们可以得出以下结论：

1. 卡诺热机的效率与工作物质多少、种类无关，只与T_1，T_2有关；

2. 要完成一次卡诺循环必须有高温和低温两个热源；

3. 卡诺循环的效率只与两个热源的温度有关，高温热源的温度越高，低温热源的温度越低，卡诺循环的效率越大，也就是说两热源的温度差越大，从高温热源所吸取的热量Q_1的"利用价值"越大；

4. 卡诺循环的效率总是小于1；

5. 卡诺循环的逆循环过程就是制冷机；

6. 在给定温度下，不存在比卡诺热机效率更高的热机，因为其效率只取决于工作物质所接触的高温热源和低温热源的温度差。显然卡诺热机是一种忽略掉摩擦和能量流失等外部因素（散热、漏气）的理想模型，它的工作物质只与两个恒温热源交换热量，这在实际中是无法实现的。

卡诺提出他的热机模型是在1824年发表的《对火的致动力和对能够产生此种力量的机器的思考》一文中，在这篇文章

里，卡诺抛开了具体的工作物质，认为要让蒸汽机做功，则必须制造温度差，让热质能从高温热源"流"向低温热源，顺带"驱动"机械，而且这个温度差越"陡峭"，产生的功越多，就像水流驱动水车转动一样。以此为基础，卡诺提出了一种工作在高温热源和低温热源间的热机，它循环工作且效率只与这两个热源的温度，准确地说是温度差值有关，并且描述了这种热机工作的具体过程。卡诺指出了提高热机效率的方向：提高 T_1，降低 T_2，减少散热、漏气、摩擦等不可逆损耗，使循环尽量接近卡诺循环。卡诺热机做为一种理想化的模型，影响了几乎所有后来以燃料燃烧来做功的机器—内燃机。

但是卡诺的热机模型直到1878年开尔文（Lord Kelvin）爵士根据卡诺定理提出绝对温标概念之后，卡诺热机理论才引起科学界的注意。有人认为卡诺理论之所以长期没有得到重视，一是因为其父亲在政治斗争的失败，而受社会政治的压抑；二是因为卡诺不归属于任何知名科学学术团体；三是卡诺英年早世，他的研究成果没有的到当时任何学术权威的评价。从卡诺理论的历史中，我们可以理解科学研究并非简单的学术研究工作，而且与政治、社会、学术团体利益有着密切的关联，这也是STS（科学、技术与社会）研究内容。

3.2 拉普拉斯妖

我们可以把宇宙现在的状态视为其过去的果以及未来的因。如果一个智者能知道某一刻所有自然运动的力和所有自然构成的物件的位置，假如他也能够对这些数据进行分析，那么宇宙里最大的物体到最小的粒子的运动都会包含在一条简单的公式中。对于智者来说没有事物会是含糊的，而未来只会像过去般出现在他面前。

这里所说的"智者"就是"拉普拉斯妖"。"拉普拉斯妖"由法国天文学家、数学家皮埃尔·西蒙·拉普拉斯提出，这个推测的哲学立场是人们熟知的科学决定论，即结果是由某些原因所造成的，我们可以通过多种方法来准确预测未来，所以未来必然由过去所决定。

物理决定论相信，自然法则是有规律的、有序的且可预测的。莱布尼兹曾提出："'每一件事'都是遵照数学规律进行的，如果某人能够洞悉事物的内在，并拥有足够的记忆力和智慧考虑到所有情况并深入思考，那么他将成为一位先知——他在当下注视着未来，就像在照镜子一样。这就像神话中巫师使用的魔镜。"

现在我们已经知道"拉普拉斯妖"是不可能存在的。19世纪物理学的不可逆过程、熵及热力学第二定律已经使得"拉普拉斯妖"成为不可能。"拉普拉斯妖"的可能性是建立在经典力学可逆过程基础上的，然而热力学理论则指出现实的物理过程都是不可逆的。

德国计算机科学家约瑟夫·卢卡韦斯卡设计了简单的思想实验来推翻"拉普拉斯妖"，假如"拉普拉斯妖"借助足够强大的智慧预测到今天晚上你将会看电视，当你得知这一预测时，反而故意听广播，那么，"拉普拉斯妖"的预测将会是错误的。

此外，20世纪70年代初，美国气象学家洛伦兹（Edward N. Lorenz）在研究天气预报时发现"蝴蝶效应"，并提出混沌理论，打破了建立在牛顿科学基础上的拉普拉斯决定论的幻想。混沌理论对事物的假定不同于传统科学的假定。建立在牛顿科学基础之上的经典科学通常把研究对象看成是线性的、可解析表达的、平衡态的、规则的、确定性的、可严格逻辑分析的对象。混沌理论则认为非线性的、不可解析表达的、非平衡态的、不规则的、不能用严格逻辑分析的复杂性和系统性才是现实世界的本质特性。

3.3　麦克斯韦妖

　　克劳修斯在卡诺原理所奠定的道路上深入研究之后指出，一个自动运行的事物，不可能把热从低温物体转移到高温物体而不发生任何变化，这就是热力学第二定律的克劳修斯表述。随后，开尔文又提出：不可能从单一热源取热，使之完全变为有用功，而不产生其他影响，这就是热力学第二定律的开尔文表述。在此基础上，克劳修斯又提出了另一个重要概念——熵，并对热力学第二定律进行了重新表述：任何物理过程的全部参与者其总熵在过程中不会减少，但可能增加。经典物理学家包括克劳修斯认为熵增原理有其适用范围，必须是孤立系统才行，还错误地把孤立系统中的规律扩展到整个宇宙，还推测出宇宙的终极命运——"热寂"。热寂概念最先由开尔文男爵提出，他认为，在整个宇宙中，热量一直在不断地从高温物体转向低温物体，直至未来的某一时刻不再有温差，而此时宇宙的总熵达到极大值，那时将不会有任何力量能够使热量发生转移。1867年，克劳修斯又进一步提出："宇宙越接近于其熵为一最大值的极限状态，它继续发生变化的机会也越减少，如果最后完全到达了这个状态，也就不会再出现进一步的变化，宇宙将处于永远的死寂状态。"这就是令当时整个科学界都为之震惊和困惑的"热寂说"。

　　宇宙的命运真的会沿着这样的轨迹发展下去，直至最后终结于一片极度的混乱与无序之中吗？显然，这不是人们所期待的结果，质疑与抗争必将是一些科学家的选择。首先对"热寂说"提出诘难的是麦克斯韦。麦克斯韦敏锐地感觉到热力学第二定律是存在问题的，但当时的物质条件和科学水平又无法使其中内含的矛盾凸显出来。为了令"热寂说"的固有矛盾显现出来，麦克斯韦运用理想化的方法构建了一个思想实验。

他设想：有一个极小的生物或妖魔，可以跟踪每个分子的行动，负责管理墙壁上一扇无摩擦的滑动门，墙壁两边有两个装满气体的房间。当快速分子由左到右运动时，小妖立刻开门，当慢速分子来时，它立刻关门。

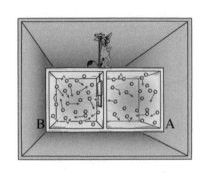

图3-4 工作中的"麦克斯韦妖"

于是快速分子聚集在右室，慢速分子聚集在左室。这样，右室里的气体温度逐渐升高，左室里的气体温度逐渐降低。而这一结果与热力学第二定律相矛盾。

这一思想实验通过理想化的条件设置，解决了现实中客观存在的许多物质操作难题。灵敏的妖、无摩擦的滑动门、理想的房间等如何存在与操作的问题，简明扼要地说明了存在令"热寂说"反向演化的可能。

"麦克斯韦妖"实验提出之后，科学家们就开始思考这一思想实验的合理性，并立刻着手寻找实践的可能。然而，实践上的难题就在于如何令小妖工作，同时又不消耗能量。因为小妖一旦做功而消耗了一定能量，其结果就违背了麦克斯韦的初衷。后来，德国物理学家马克思·冯·劳厄曾指出，该过程并不一定违背热力学第二定律，因为在该实验中，识别运动快慢不同的分子所消耗的能量可通过信息媒介转换而来。也就是说，在不直接和实验装置——装满冷热不同气体的两个房间相接触的情况下，人们可以使用信息作为媒介，以达到避免能量消耗的目的。他认为，这是一种新的机制，并将之称为"信息-热机制"。不过，直到目前为止，科学家们依然不能在毫无争议的情况下令"麦克斯韦妖"以物质实验的形式演示出来。

3.4 吉布斯佯谬

在19世纪末，美国物理学家约西亚·威拉德·吉布斯（Josiah Willard Gibbs）提出了一个后来成为统计力学和量子力学的核心议题的思想实验——吉布斯佯谬。吉布斯佯谬是在计算混合理想气体的熵时发现的一种表面上看起来有矛盾的假想，按照经典统计力学可知，无论两种物质A和B仅仅是差别很小还是差别很大，混合熵的计算数值是一定的。有一容器，中间用隔板分为相等的两部分。设有A、B两种理想气体，其分子质量m、分子数N、温度T均相同，分别罩于隔板的两侧，各自呈平衡状态，如图a所示。现将两种气体间的隔板抽出，两种气体互相扩散达到新的平衡，如图b所示。用公式计算抽出隔板前后气体熵的变化结果为

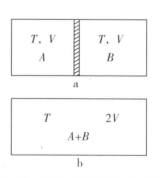

图3-5　混合理想气体示意图

$$S_{A+B}-(S_A+S_B)=2Nk\ln 2$$

式中k为玻尔兹曼常数，N为混合物中每一种气体的原子数，S_{A+B}为两种气体混合后的熵，S_A、S_B分别代表混合前两种气

体的熵。可见两种不同气体的混合会导致熵增加，这是正确的。

若A、B气体的分子是完全相同的，即起初在隔板的两侧有相同的气体，此时抽出隔板前后，气体的状态是没有区别的，因而熵不应当发生变化，即$\Delta S=0$。但用热力学公式计算，还是会得到与熵的增加值为$2Nk\ln2$。这是吉布斯在计算上述两种情况下熵的变化时发现的，所以被后人称为"吉布斯佯谬"。

在最新的量子力学研究中，研究人员发展出了一种基于两种由量子粒子构成的气体的模型，这两种气体可根据其自旋来加以区分。一开始，盒子中的气体也被隔板隔开，然后再混合在一起。在模型中，盒子的每一面由若干个单元组成，这些单元代表着每个粒子可以占据的不同状态。模型中包含纯组合统计效应，可用于计算经典的理想气体的熵变化。科学家假设，一开始容器左侧有n个自旋向上的粒子，右侧有m个自旋向下的粒子，接着，左右两侧粒子混合在一起，观察者可以通过每个单元中的粒子数量和它们各自的自旋来描述微观状态。

3.5　热力学中的思想实验对物理学发展的贡献

以16世纪伽利略的温度计和18世纪中期瓦特蒸汽机的发明为标志，热力学作为一门应用十分广泛的学科快速发展起来。卡诺热机的思想实验不仅彻底否定了永动机的存在，使能量守恒定律扩展到热力学领域，并提出了热力学第一定律，而且使工程师可以把热机理论放在坚实的基础之上，这大大推动了现代物理学和化学的进步。克劳修斯和开尔文在卡诺热机理论研究的基础上分别于1850年和1851年独立地发现了热力学第二定律，论述了热学过程的不可逆性，找到了反映物质各种性质的相应的热力学函数，热力学理论不断发展起来。

家胡刚复教授于1923年把entropie译为"熵"，爱因斯坦曾把熵理论在科学中的地位概述为"熵理论对于整个科学来说是第一法则"。熵的本质是一个系统"内在的混乱程度"。它在控制论、概率论、数论、天体物理、生命科学等领域都有重要应用。

卡诺热机原理还说明，要从热的供应得到有用的功，温差是必需的，但在自然界中，通过热的传导与其他方式，温差是不断变小的。克劳修斯把宇宙看作一个孤立的绝热系统，在这个系统中热的正向变化总是大于负向变化，因此，宇宙热量的总和向一个方向变化而宇宙的熵趋于一个极大值，这时宇宙就会进入一个死寂的永恒状态，从而引申出了"热寂说"。宇宙"热寂说"不仅仅是一个热力学问题，更是一个哲学原则问题，关系到人类和宇宙的未来，因此引起物理学界的百年激烈争论。宇宙爆炸理论认为，随着宇宙的膨胀，整个宇宙将从平衡态走向非平衡态，从而否定了"热寂说"。此外，引力理论认为，宇宙间的天体或天体系统大多数是由自身引力来维系的自引力系统，但在热力学的分析中，分子间的引力总是被忽略。一个处于稳定状态的自引力系统是负热容的，具有与日常经验相反的特性，从而否定了"热寂说"。

热力学第三定律即绝对零度不可达到的结论强烈地刺激着量子论的发展，反过来，物理学家也在研究在量子尺度领域，经典的热力学定律是否适用。量子热力学成为一个新兴的研究领域，并希望从量子力学的基本原理出发重建热力学。热力学第二定律引起黑洞理论研究专家的新质疑：如果我们向黑洞里投进一块物质，由于视界的存在，我们失去了对这块物质的热力学性质的任何认知，我们无法断言这块物质的熵是增还是减，但是黑洞外的宇宙，由于失去了这块物质，物质总熵是明显地减少了。在这种情况下，热力学第二定律还正确吗？由卡诺热机思想实验引起的热力学发展，通过新问题—新假想—新探索—新理论，不仅使热力学本身在持续发展，还产生了量子热力学、熵理论等交叉学科。

4

电磁学中的
思想实验

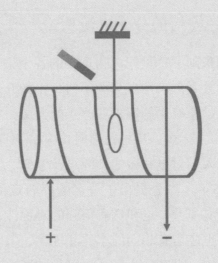

电磁学是继力学后发展起来的第二大分支，起步虽晚但发展迅猛。17世纪以前，电磁学几乎是一片荒芜，关于电磁学的零星记录，大多属于定性的观察。从17世纪开始，才有一些系统的研究，而定量的成果则更晚。18世纪中叶以后，磁力和电力的平方反比定律相继被发现，静电学和静磁学开始沿着牛顿力学的发展模式登上科学舞台。这期间，人们还是把电和磁当成两种独立的现象来看待。到18世纪末，随着伏特电堆的发明，才有可能人为地产生和使用电流，这极大地推动了电学的发展。19世纪，物理学家相继发现电流的磁效应、化学效应和热效应，并得出定量规律，将电学和磁学合二为一，并建立起统一的电磁场理论。20世纪前叶，电磁学发展成为经典物理学的重要分支。在电磁学的发展历程中，在几个重大的关键节点上，思想实验都起到了重要的甚至是决定性的作用。

4.1　安培的分子电流假说

时间来到了19世纪，物理学的各个分支学科都取得了不少成果，而且看起来发展势头不错，正如开尔文勋爵所说："当时的物理学，好比一座正在施工的大厦，紧张而忙碌，到处是一派繁忙的景象。"与此同时电学和磁学也取得了不少的成果，但是人们对电和磁的本源以及它们之间的关系感到非常困惑。1785年，库仑提出了著名的库仑定律，尽管从已经发现的诸多事实来看，电和磁有很强的对称性，它们有相似的现象和属性，也应当有相同的本质和规律，但库仑坚持认为，电和磁是独立的，没有什么联系。电和磁真的没有关系吗？丹麦有位物理学家不相信电和磁是没有关系的，他就是汉斯·奥斯特

（Hans Christian Orsted，1777—1851）。他17岁时考入哥本哈根大学，主修化学，发现了铝元素，也是世界上第一位提出"思想实验"的现代思想家。

早在读大学时奥斯特就深受康德哲学思想的影响，认为各种自然力都来自同一根源，可以相互转化。他一直坚信电和磁之间一定有某种关系，电一定可以转化为磁，当务之急是怎样找到实现这种转化的条件。奥斯特仔细地审查了库仑的论断，发现库仑研究的对象全是静电和静磁，这些确实不可能转化。他猜测，非静电、非静磁可能是转化的条件，应该把注意力集中到电流和磁体有没有相互作用上。而这一猜想，使电磁"两兄弟"的"案件"有了根本性的转机。他当时没有想到的是，他的这个思想火花，开创了电磁学近二十年的辉煌时代。

1819年上半年到1820年下半年，奥斯特一面担任电、磁学讲座的主讲，一面继续研究电、磁关系。因为受静电场研究启发（也可以说是干扰），他总是把小磁针放在通电导线的延长线上，所以他始终没有看到期待已久的小磁针的转动。

1820年4月，在一次演讲快要结束的时候，奥斯特脑海中跳出一个火花，无数次的失败经历暗示他不要抱太大希望，但他仍抱着试试看的态度又做了一次实验。他把一条非常细的铂丝和磁针平行放置作为示范，当他把磁针移向导线下方，助手接通电源的瞬间，他发现磁针轻微跳动了一下。这一跳，令奥斯特喜出望外，竟激动得在讲台上摔了一跤。但是因为磁针偏转角度很小，所以并没有引起听众注意。之后，奥斯特花了三个月，做了许多次实验，发现磁针在电流周围都会偏转。在导线的上方和导线的下方，磁针偏转方向相反。在导体和磁针之间放置非磁性物质，比如木头、玻璃、水、松香等，不会影响磁针的偏转。

1820年7月21日，奥斯特发表了论文《论磁针的电流撞击实验》，正式向世界宣告了电磁现象。这篇仅有四页纸篇幅的论文，是一篇极其简洁的实验报告。奥斯特在报告中讲述了他的实验装置和六十多个实验的结果，并从实验结果中总结出以下结论：电流的作用仅存在于载流导线的周围；沿着螺纹方向垂直于导线；电流对磁针的作用可以穿过各种不同的介质；作用的强弱决定于介质，也决定于导线到磁针的距离和电流的强弱；铜和其他一些材料做的针不受电流作用；通电的环形导体相当于一个磁针，具有两个磁极；等等。这篇历史性实验报告立即轰动了整个欧洲。

奥斯特的实验轰动了世界，到处都在重复他的实验，到处都在谈论他的实验。其中效率最高、进展最快的是法国科学院，这好比侦破"电磁两兄弟"的"案件"由丹麦移交到了法国，对破解整个案件最突出的贡献者是法国物理学家安培。

图4-1　奥斯特正在演示电流磁效应

1820年8月末，法国科学院院士阿拉果在瑞士听到奥斯特实验成功的消息，立即赶回法国，9月4日向法国科学院报告了奥斯特的实验细节。9月12日，安培重复了奥斯特的实验，并进一步发展了奥斯特的成果。9月18日，安培向法国科学院提交了第一篇论文，提出了磁针转动方向和电流方向的关系服从右手法则，后来这个法则被命名为"安培定则"。这是他形成分子电流思想的第一步，提出圆形电流有起到磁的作用可能性。9月25日，安培向法国科学院提交了第二篇论文，提出了电流方向相同的两条平行载流导线互相吸引，电流方向相反的两条平行载流导线互相排斥。10月9日，安培提交了第三篇论文，阐述各种形状的曲线载流导线之间的相互作用。这是他形成分子电流思想的第二步，提出：磁体中存在一种绕磁轴旋转的宏观电流。

安培长期从事电流之间相互作用的研究，他的最终目标是用动电（即电流）解释所有的电磁现象，甚至包括纯磁学的问题。阿拉果用通电的螺线管使钢针磁化的实验，使安培更加坚定地相信：磁现象本质上就是电流的作用结果。在1820年的论文中，安培提出了磁体中存在着绕磁轴旋转的电流的看法："只要假设在磁体表面上从一极到另一极作出的直线上每一点都建立一种在垂直于磁轴的平面内（旋转的）电流，经过对所有事实的思考，我简直不能再怀疑这种围绕磁轴的电流的存在。""这种不期而遇的结果产生了，即磁现象唯一地由电来决定……磁南极在电流的右边，磁北极在电流的左边。"这就是安培关于磁体电流的最初模型，可以称为"磁体宏观电流模型"。

安培的好朋友菲涅耳指出这个模型不能成立，即磁体不可能存在这样的宏观电流，否则磁体会因为电流的热效应而明显高于周围物体，这不符合常识。菲涅耳进一步补充，如果把宏观电流改为环绕在每一个分子上的小环流，这样既能保证经典电动力学的基础，又能摆脱宏观电流产生热效应的束缚，安培欣然接受了菲涅耳的建议，于1821年迈出了分子电流思想的最后一步：提出了著名的分子电流假说。

安培认为物体内部每个分子中的以太和两种电流质的分解，会产生环绕分子的元电流。元电流会产生磁，一般物体的

元电流杂乱无章，所以
产生的磁场相互抵消，
在宏观上不显磁性。当
它们在外磁场的作用下
呈规则排列时，就使物
体呈现了宏观磁性。

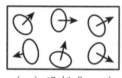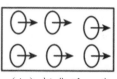

（a）没极化，分
子电流杂乱无章

（b）极化后，分
子电流流向一致

图4-2

　　安培的分子电流假说以环形电流为基础，形象直观，通俗
易懂，能很好地解释各种各样的磁现象。应当提及的是，安培
时代的分子电流，只能理解成极微小的环形电流存在于物质内
部，当时人们仍不了解原子的内部结构，因此不能解释物质内部
的分子电流是怎么形成的。至此，电和磁的关系才水落石出。

　　既然动电是磁的原因和本质，安培自然把自己主要的精
力放在对动电（电流）的研究上，由于扎实的数学功底和精巧
的实验设计，再加上一贯的严谨认真，在电磁学的定量研究方
面，安培大刀阔斧，从1820年开始，他做了一系列的实验，尤
其以四个精巧的零值实验最为突出。他在这些实验的基础上进
行数学推导，得到了普遍的电动力公式，即两个电流元之间的
作用力为

$$f = \frac{ii'\,\mathrm{d}s\,\mathrm{d}s'}{r^2}\left(\sin\theta\cdot\sin\theta'\cdot\cos\omega - \frac{1}{2}\cos\theta\cdot\cos\theta'\right)$$

　　这个公式为电动力学提供了基础。我们不难发现，安培的
动力公式，从形式上与牛顿的万有引力公式、库仑的静电力公式
非常相似。安培正是遵循牛顿的路线，仿照力学的理论体系，创
建了电动力学。他认定电流元之间的相互作用才是电磁现象的核
心，电流元本质上相当于力学中的质点，它们之间存在动电力，
而动电力是一种超距作用，就像牛顿的万有引力一样。

　　1827年，安培出版了《电动力学理论》，物理学家麦克斯

韦对此的评价是："形式完美，准确无误"，并称他为"电学中的牛顿"。从电动力学的角度，这个评价恰如其分，放到整个电磁场理论框架上看，安培更像是"伽利略"，真正的"牛顿"是麦克斯韦，他才是电磁学理论的集大成者。

虽然有少数物理学家如塞贝克、法拉第持不同意见，但是分子电流假说模型清晰、分析透彻，能解释生活中所有的磁现象，因此得到了主流学界的普遍认可，唯一缺乏的是证据！

尽管物质结构理论与实践不断取得进展，分子电流却一直是一个谜一样的存在。1897年，汤姆孙发现了电子，第一次发现了原子是可以打开的，也第一次提出原子的葡萄干布丁模型。在汤姆孙模型中，电子是镶嵌在原子中的，并不运动，且模型中没有分子电流的任何迹象。

1911年，英国物理学家卢瑟夫基于 α 粒子轰击金箔的散射实验，提出了原子结构的行星模型，第一次提出了电子在原子核外像行星一样绕核做高速圆周运动，于是，人们惊喜地发现，这不就是苦苦寻觅了近一个世纪的分子电流吗？它原来是由电子运动形成的！

让科学界大跌眼镜的是，一个严谨学科的发展有时候也有如"狗血剧"那样一波三折的情节发展。正当大家准备为安培的分子电流假说画上最后一个句号而击掌相庆时，1900年开始崛起的量子力学在二十几年的时间里突飞猛进，很快就推翻了卢瑟夫的经典核式结构模型，建立了原子结构的量子化模型。在这个模型里，电子不再老老实实地绕原子核做圆周运动，而是如鬼魅一般的存在，它有很多个可能的轨道，但它在这些轨道中是随机出现的，从来不遵守什么牛顿定律，它到底在哪个轨道上，在轨道的什么位置，只能用概率来统计。它的确切位置，你永远不知道。很显然，电子在核外的运动，根本不可能用行星运动来比拟，分子电流也绝不可能是电子电流，分子电流又一次陷入困境。

好在天无绝人之路，最终解决分子电流的仍然是量子力学。磁性的原因仍然是原子内部的分子电流，即电子的自旋和原子核的自旋。1925年，有物理学家提出电子存在自旋运动。1928年，保罗·狄拉克提出电子的相对论波动方程，方程中自然地包括了电子自旋和自旋磁矩。电子自旋是量子效应，不能用经典物理学的方式理解。不仅电子，一般基本粒子都存在自旋，如质子、中子、光子、原子核。量子力学证明，产生磁效应的，恰恰是电子和原子核的自旋运动。因此，所谓分子电流，应理解为分子内的微细结构形成的"电流"，这些运动是磁现象产生的真正原因。

沧桑一百年，量子力学给了分子电流最终也是最完美的还原。

4.2　狄拉克的电子海洋与反物质理论的发展

在科幻影片《星际迷航》中，宇航员把反物质用作星际飞船的燃料，使得像小行星般大小的星际飞船也可以在太空中行走自如，反物质能源威力之大令人惊叹。反物质的发现与反物质理论的发展与狄拉克的电子海洋的思想实验有着密切的联系。

保罗·狄拉克（Paul Adrien Maurice Dirac，1902—1984），英国

图4-3　保罗·狄拉克

理论物理学家，量子力学的奠基人之一，对量子电动力学早期的发展做出重要贡献。狄拉克1925年开始研究由海森伯等人创立的量子力学，1926年凭借论文《量子力学的基本方程》，获得剑桥大学的物理学博士学位。他认为量子力学只是经典物理学的延伸，文章采用爱因斯坦的自上而下的推导方式，从对基础原理列出精确的数学公式开始，然后运用理论进行推演至各个分支。1930年他出版了那本经典的量子力学教材——《量子力学原理》，在这部著作中他将海森堡的矩阵力学与薛定谔的波动力学统一成同一种数学表达。狄拉克还开创了反粒子和反物质的理论和实验研究，为量子场论做出了奠基性的工作。

20世纪30年代，量子力学飞速发展，取得一系列成就。狄拉克更是成就不凡，他提出了磁单极子。当时只发现了电子和质子，而他提出有更多的亚原子粒子等待被发现。

1928年1月1日，狄拉克向英国皇家学院提交了自己的又一杰作《电子的量子力学》，论文中他用四行四列矩阵代替泡利的二行二列矩阵后，成功地建立了相对论形式的薛定谔方程，即著名的狄拉克相对论波动方程（以下简称"狄拉克方程"）。这一方程带来四项伟大成就：

（1）电子的自旋是狄拉克方程的自然推论，而不是像薛定谔方程那样，要人为加上去。

（2）电子的矩阵值可以直接从方程中得到。

（3）方程能够计算氢原子光谱的精细结构索末菲公式。

（4）可以计算出光和相对论性电子的相互作用。

这四项成就表明，狄拉克方程为量子力学中原来各自独立的主要实验事实，包括电子的康普顿散射、塞曼效应、电子自旋等，提供了统一的、具有相对论性质的理论框架。这个方程，简单而优雅。

在取得这些巨大成就的同时，另一个问题产生了。狄拉克方程所预测的电子的能量值，不但有正能解，还有负能解。之所以出现这种情况，是因为根据相对论中能量与动量之间的联系式 $E^2=c^2p^2+m_0^2c^4$，得到的是能量的平方，开方可得 $E = \pm\sqrt{c^2p^2+m_0^2c^4}$，因此会有两个值与之对应，如 $E^2=25$，就会得到 $E=+5$ 和 $E=-5$。在经典物理学中，当出现负值时，我们会不假思索地将其舍去，但狄拉克认为，相对论薛定谔方程得出的负能解不能随意地舍去，他坚信方程的完美性。尽管狄拉克方程对电子自旋和磁矩的解释非常成功，但绝大多数物理学家对狄拉克的理论存怀疑态度。但是狄拉克认为，这只不过是下一个要解决的问题。

1929年，在北美大陆游历了近半年后，狄拉克着手完成他那伟大的思想实验：他想象着宇宙中充满各种能态的电子，形成负能态的电子海。处于负能态的电子首先被充满，因为它们所处的能量级别最低。只有负能态的电子被充满后，才会有正能态电子分布。根据泡利不相容原理，每个负能态只能被一个电子所占据，所以没有正能态电子可以跃迁到负能态，这就保住了原子的稳定性。

而整个宇宙充满着负能态电子，形成了负能态电子的海洋。这是一个等密度的海洋，只有打破平静的因素才可能被观测到。当海洋中的某个负能粒子跳出来，跃迁到正能态上去，原来被填满的海洋会产生一些空隙，狄拉克称之为"空穴"。空穴意味着负电子的缺失，负能量的缺失意味着正能量的存在。那么这个空穴是什么呢？狄拉克起初认为是质子。这个思想实验持续了很长时间，无论是狄拉克还是反对者，都饱受煎熬。

和狄拉克有着深厚友情的美国物理学家奥本海默提出了强烈的反对意见，他认为如果空穴存在的话，它的质量应当和电子相等，不会是质子。狄拉克遵循着福尔摩斯的逻辑：当你排除了所有不可能的情况后，剩下的事情，无论是什么，无论多么不可信，都必然是真相。勇于承认错误的狄拉克大胆地预测，"一个空穴，如果它确实存在，将是一种新的粒子，尚不被实验物理所观测到，具有和电子相同的质量和相反的电性，我们可以称这种粒子为'反电子'。质子与电子无关，它也有自己的'反粒子'"。

狄拉克提出了反电子、反质子、反物质的理念，并坚定地相信，这些和我们平时所能观测到的正物质，构成了我们自己和我们的世界。这个思想实验太过超前，甚至很多前沿的量子物理学家也公然反对，在1932年4月的物理学年会上，玻尔放下绅士的优雅，极不客气地质问狄拉克："狄大师，你跟我们说说，你真相信那玩意儿存在吗？"

狄拉克用他一贯冷静的语调回答："还没有人提出结论性的反驳观点。"

正当狄拉克饱受质疑，以至于连他自己也偶尔对反电子的预言有些信心不足时，在遥远的北美大陆，情况正悄悄地出现了转机。

1932年8月1日，美国加州理工大学的物理实验室内，物理学家卡尔·戴维·安德森正在研究宇宙射线，他拍到了一条只有5厘米长的奇特

图4-4　正电子在云室中留下的轨迹

径迹，径迹细得像一根头发，根据这条径迹周围泡沫的粗细显示，这是一条电子径迹，但弯曲的方向显示这是一个正电荷，可以肯定这绝对不是质子，因为质子的径迹要粗得多。他花了近两个小时检查磁铁的极性是否与前一天有所不同，结论是设备一切正常，只是电子的轨迹不正常。为了保证粒子发生异常偏转不是入射方向的原因，安德森特意加了一块6毫米厚的铅板，借以减慢粒子的速度，使粒子的偏转半径变小，如此入射方向一目了然。

虽然他不知道狄拉克的反电子理论，但他知道的是这一定是一个新粒子。事后很长时间他才得知自己第一次发现了正电子。整个八月，这个神秘的"天外来客"又光顾过他两次。安德森的这一发现，使饱受争议的狄拉克方程和他的负电子海洋思想得到普遍认可，狄拉克因此获得1933年诺贝尔物理学奖。安德森因为发现正电子，也获得1936年诺贝尔物理学奖。

正电子的发现在物理学史上是一个重要的里程碑，它导致了量子场论的诞生，并促成了自然科学的洪流：寻找反物质。

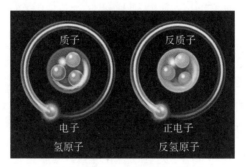

图4-5　氢原子和反氢原子

狄拉克的电子海洋思想实验推开了反物质的大门。我们对反物质的未来充满着各种期待，然而探索之路却举步维艰。我们生活在一个正物质的世界里，那么反物质的世界在哪里呢？

观点一：原本宇宙的物质数量比反物质的数量多一点，物质与反物质相撞湮灭后只剩下物质，如此，我们便没有看到反物质。

观点二：反物质世界始终存在，只是离我们的物质世界太远而没有办法看到。这个观点得到了最新的天文学观测的支持。

1997年，科学家们发现在银河系中心上方约3500光年处有一个不断喷射反物质的反物质源，根据推算，它喷出的反物质在宇宙中形成一个高达2940光年的"喷泉"。如果"喷泉"真实存在，我们有理由相信，至少在未来，我们将不再需要为能源危机担心，因为宇宙为我们准备了充足的反物质。

3500光年对于当前的我们是个遥不可及的距离，利用自己的资源研究反物质成了唯一选择。当前全世界对反物质的研究利用仍处在初级阶段，从产量上讲，欧洲核子研究中心估计当所有现行设备都全速运转时，每分钟约能生成10^7个反质子，这听起来似乎很不错，但是，这些反质子即使能全部变成反氢原子，也要1000亿年才能生产1 g的反氢原子。另外两个瓶颈是储存技术和操作技术，这使得很多科学家把目光瞄向更多地获取反物质的可能性。

1908年6月30日格林尼治时间零时，一个巨大的天体拖着长长的烟火尾巴，伴随着雷鸣般的轰鸣飞过东起勒拿河、西至叶尼塞河，直线距离约1500千米的天空。随后，人们感到三次强烈的爆炸，伊尔库茨克地震站测定其爆炸当量相当于1000万至1500万吨TNT炸药。爆炸后的几天里，东至勒拿河，西至爱尔兰，南至塔什干、波尔多（法国西南部城市）一线的北半球广大地区连续出现了白夜现象。爆炸之后，科学家们在叶尼塞河中下游和勒拿河支流维季姆附近，先后发现了 3 个与月球火山口相似、直径为90~200米的爆炸坑和一片面积约2000平方千米的被冲击波击倒的原始森林。在随后的探险考察中，科学家们还发现爆炸地区土壤被磁化，1908—1909年的树木年轮中出现放射性异常，某些动物出现遗传变异。由于现场没有发现任何陨石碎片，基本排除流星或陨石坠落等可能性。一个可能的解释，就是反物质造成了这起著名的"通古斯大爆炸"。

与其他的思想实验一样，狄拉克的"负电子海洋"为我们打开了一扇门，推门望去，那里还是一片未知世界。佛经中有一个著名的偈语："以指指月，指非月。"狄拉克方程和他的电子海洋理论，正是那根手指，尽管我们对反物质有了思考，有了认识，也能在实验条件下人为产生一些反物质原子分子，但反物质的世界仍是那遥远的月亮，至少目前看来，还有相当远的距离。相信在不久的将来，我们能走进那个世界。

4.3　麦克斯韦的光压

最早提出光压概念的是天文学家开普勒。他在观察行星的运动规律时，发现彗星的尾巴都是远离太阳的，这让他十分好奇并潜心研究。他于1619年提出用太阳光的压力来解释彗星的尾巴为什么背着太阳，

图4-6　形状像扫帚的彗尾

他认为彗星在扁长的椭圆轨道上绕太阳运行，彗尾由极稀薄

的气体和尘埃组成，形状像扫帚，太阳光对彗星有力的作用，也叫太阳辐射压力，彗尾中的微小颗粒受到这种压力的作用，使得彗尾的方向一般总是背着太阳延伸，当彗星接近太阳时，彗尾总是拖在后边，当彗星离开太阳远走时，彗尾又成为前导。

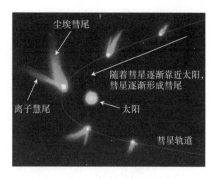

图4-7 会转圈的彗尾

1873年，麦克斯韦出版了电磁场理论的经典之作《论电和磁》，在这部著作中他先是从理论上预言了光压的存在，并用光的波动理论分析了光压。麦克斯韦对光压的解释是这样的：

当一束平面偏振光垂直投射击在金属表面上时，由于变化的电场力作用，在金属内激发起与电场强度相同的电流，这种电流能在金属内激发起电磁波的磁场分量，又在磁场作用下受到一个与光的传播方向相同的力，这个力便体现为电磁波对金属的压力。

麦克斯韦同时给出了光压的计算公式。但由于麦克斯韦方程组太过复杂，当时的很多物理学家都难以理解，又无法测量证实，很多人将信将疑。直到光电效应和康普顿效应深入地揭示了粒子性的一面，光粒子性又进一步解释光压现象的存在。

光压是光的粒子性的典型表现，光压产生机理可以类比雨滴对伞的压力。下雨天，很多雨滴不间断地打在伞上，对伞形成一个向下的压力，我们能感觉到。爱因斯坦提出光子学说后，我们很容易理解光辐射就是一粒粒向前发射的光子，你可以想象，光照在墙上，就像是极细极细极细的"雨滴"以很高的速度打在墙上，对墙形成一个持续的压力，这是理论上的解释。现实中我们每天被光线照射，但丝毫感受不到光压的存在，这是为什么呢？因为正常光照下光的压力很微小，我们根本感受不到。根据光的波粒二象性，光本质上是波，也是粒子，光子不但有动能还有动量，其计算公式为$p=h/\lambda$。设每个光子的平均能量为E，由$E=h\upsilon$，$p=h/\lambda$以及光在真空中的速度$c=\lambda\upsilon$，可得到光子的动量和能量之间的关系为$E=pc$。

光波与实物发生作用被实物吸收或反射时，它的动量就发生改变，因此它对此实物会施以力的作用，即光压。经典电磁理论指出，当物体完全吸收正入射的光辐射时，光压等于光波的能量密度；若物体是完全反射体，则光压等于光波能量密度的2倍。如果入射光子全部被物体所吸收，则物体表面每平方米在每秒内所获得的动量应等于$N \cdot p=E/c$，N为每秒垂直入射到物体表面每平方米上的光子数。物体表面每平方米在每秒内所获得的动量即光作用在这个面上的光压为E/c。当光子被物体所反射时光子的动量从$+h\upsilon$变为$-h\upsilon$，则每个光子传递给物体的动量为$2p=h\upsilon/c$，如果入射光子全部被物体所反射，则作用在物体表面上的光压为$2N \cdot p=E/c$。正午太阳光的每平方米面积上的功率大约为1000瓦特，一个足球场大的面积上光的压力就相当于一粒米的重力，难怪我们感受不到。

因此，可以说开普勒和麦克斯韦最初提出的光压学说，只是从思想和理论逻辑推理中得出的结论，并不是从物质实验中得出来的。直到1901年，俄国物理学家彼得·尼古拉耶维奇·列别捷夫设计了一个实验，首次实验观测到了光的辐射压力。

实验所用仪器的主要部分是一用细线挂起来的极轻的悬体R，其上固定有圆薄片a和b，其中一个涂黑，另一个是光亮

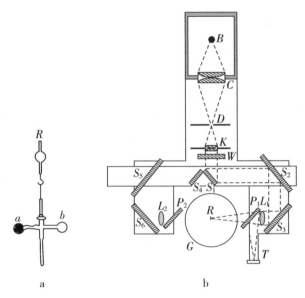

图4-8　列别捷夫测量光压实验装置

的。图中B是一直流弧光灯，利用聚光器C将从B发出来的光会聚到金属制的光栅D上，然后使走过光栅的光通过透镜K变成平行光束。透镜K的下面是一个平行面的玻璃容器W，内装有纯水，光束通过W之后红外线被水吸收，紫外线则为玻璃所吸收。由W出来的光束被镜S_1、S_2、S_3所反射，最后通过透镜L_1会聚到悬挂在球形玻璃容器G里R处的一个圆的薄片的面上。反射镜S_1和S_4可以左右移动，使平行光束射到镜S_1或镜S_4上。射到镜S_4上的光束，经过镜S_5和S_6的反射，通过透镜L_2也会聚在G里R处圆的薄片的另一面上。

　　弧光灯的强度不可避免地有起伏现象，为了计算辐射能的相对变化，列别捷夫在圆玻璃容器G与透镜L_1之间加上一块薄而平的玻璃片P_1，其位置与光束的方向成45°角。大部分的光线会透过P_1，只有少部分的光线反射后会聚在R_1，并落在温差电堆T上。同样地，为了度量通过透镜L_2的相对光强，在圆玻璃容器G与透镜L_2之间放置了一块薄而平的玻璃片P_2。当光束垂直射到圆薄片中的任何一个，薄片受光压的作用，悬体R开始转动。扭转的角度可以借助望远镜及固定在轴线上的小镜观察。移动双镜能使光射在涂黑的薄片上。比较两种情况下悬体转动的大小，列别捷夫测得，涂黑表面所受的光压力比反射表面所受的压力小一半，与理论完全符合。列别捷夫用精细的物质实验设计证实了开普勒、麦克斯韦思想实验的真实性。

"光压"正在推动现代科技的发展。从儒勒·凡尔纳到阿瑟·C·克拉克，科幻作家们不止一次幻想过运用太阳光的作用力来推动"太阳帆"，驱动飞船在星际间航行。在我们的日常生活中，虽然光压很微小，太阳光对1平方千米区域的辐射压力大约只有9 N，但是在太空中运行的航天器是失重的，没有空气阻力，所以即使是轻微的推力（太阳光的压力）也能使它向前加速。

科学家们设计的太阳帆飞船靠的就是它的光帆——非常轻而薄的聚酯薄膜。它们异常坚硬，表面上涂满了反射物质，使得光帆的反光性极佳。当太阳光照射到帆板上后，帆板将反射出光子，而光子也会

图4-9　太阳帆航天器设计图

对太阳帆飞船的光帆产生反作用力，推动飞船前行。因此，光帆的直径越大，获得的推力也越大，太阳帆飞船的速度也将越快。改变帆板与太阳的倾角，可以对飞船速度进行调整。因

此，为了最大限度地从太阳光中获得加速度，太阳帆必须建得既大又轻，而且表面要十分光滑平整。由于太阳提供了无穷尽的能源，太阳帆能够让航天器穿梭于太阳系内部和恒星之间，并使航天器摆脱对大型火箭发动机和巨量燃料的依赖。

美国、俄罗斯、日本和我国的科学家都在研究太阳帆飞船，并为选择太阳帆的制造材料做了大量测试。2005年，美俄曾合作开发了一艘太阳帆飞船"宇宙一号"，但升空后即与地面失去联系。日本宇宙航空研究开发机构于2010年7月9日发射了世界第一艘单纯依靠太阳光驱动的太空帆船"伊卡洛斯"号（IKAROS），成功利用太阳光压力实现了机体变速。"伊卡洛斯"号的帆约为14米见方，由聚酰亚胺树脂制作，帆厚约7.5微米，相当于头发丝直径的1/10左右。该研究机构计划于2026年前后，发射升空一个光帆面积将达到1600平方米的巨型太阳帆探测器OKEANOS，前往探测与木星共用轨道的特洛伊群小行星。

2019年 8月31日，中国科学院沈阳自动化研究所研制的"天帆一号"（SIASAIL-I）太阳帆，搭载长沙天仪研究院潇湘一号 07卫星在中国酒泉卫星发射中心成功发射，在轨成功验证了多项太阳帆关键技术，这也是我国首次完成太阳帆在轨关键技术试验，将对我国后续大型太阳帆研发提供技术支持。也许在不远的将来，人类将有可能借助太阳帆邀游太空。

4.4 电磁学中的思想实验对物理学发展的贡献

电学的发展初期非常缓慢，这是因为一直没有找到恰当的方式产生稳定的静电和对静电进行测量。直到1660年，盖里克发明的摩擦起电机才彻底解决了电荷的产生问题，这要归功于盖里克的思想实验。在盖里克的猜想中，电力与地球吸引力是相同的，世间万物被地球吸引，正如轻小物体被电所吸引。为了证明自己的观点，他想尽办法产生更多的电，最终他的摩擦起电机快速地转动起来。当他把带满电的硫黄球举起时，周围的羽毛枯叶果然被吸引过来。与此同时，他也发现有的带电物体是被排斥的，羽毛在地板和硫黄球之间来回跳动。这让他意识到，电力和地球引力还是有所不同的。在此后的100多年里，静电研究所需要的电荷，都是由摩擦起电机产生的。

静电荷之间的相互作用力与距离的平方成反比，在库仑进行实验前就有很多人多次提出过这种观点。牛顿的万有引力定律在力学中的成功，对库仑起到很大的启发作用。库仑着手通过实验寻找这种关系，"带同号电的两球之间的斥力，与两球中心之间的距离的平方成反比"的结论在1785年得到验证；在进行异种电荷间的引力实验时，灵敏的库仑扭秤使用起来却相当麻烦，由于带电体很轻，经常会发生两个带电体吸到一起中和的情况，库仑不得不小心翼翼地操作，时间稍久电荷会慢慢流失，从而影响实验的准确性。实验中带电体的微小摆动触发了库仑的灵感："单摆在重力的作用下摆动，它的周期与摆长的平方根成反比。重力是遵循平方反比律的，如果电荷间的引力也遵循相同的规律，这个带电体的周期与摆长也应有相同的关系。"他一遍又一遍地在脑海中勾画着带电小球在电的吸引下往复摆动的情形，他要测量的物理量和测量方法，测量中可能会出现的问题，以及补救的方案。

改变了思路和方法，实验进展得出奇的顺利。库仑还用扭秤法与摆动法测出磁力与距离的平方成反比的关系，这样万有引力、静电力、磁场力都满足与距离的平方反比的规律。库仑定律是电学中第一个定量的规律，也是电学中最重要的基本定律之一。现代电磁学理论都是在库仑定律的基础上演化而来的。

受库仑的影响，安培（包括法国物理学界）都相信电和磁是两个不同的学科。奥斯特电流的磁效实验成功后，电磁关系引起广泛关注。安培经过深入的研究后提出了分子电流思想，指出了"磁现象，电本质"的电磁关系本质。他的这一思想，结束了电磁分立的局面，并主导电磁学的发展方向是电而不是磁，他身体力行，把主要精力放在动电研究上。他是第一个把研究动电的理论称为"电动力学"的人，并于1827年将他对电磁现象的研究综合在《电动力学现象的数学理论》一书中。这是电磁学史上一部重要的经典论著，极大地推动了电动力学的发展，并成为麦克斯韦的电磁学理论的重要支柱。后人评价道："安培所做的研究，属于科学曾经做过的最卓越的工作之列。"麦克斯韦更是把安培誉为"电学领域里的牛顿"。

法拉第从大量的实验研究中逐步构想出"力线"的图像。他认为电荷和磁极周围的空间里充满了力线，借力线把电荷和磁极联系在一起。力线是从电荷出发，又落到电荷或磁极上的无数条特殊的"橡皮筋"。与普通橡皮筋不同，它在长度方向上力图收缩，但在侧向上力图扩张。法拉第还研究了电介质对这种力线的影响，他认为即使没有电介质的存在，空间中也会存在这种力线。电荷间和磁体间的力不可能是超距作用，而是和力线有关，是近距作用。

法拉第的力线思想，已经是场的概念了。他的力线思想，深深地影响了当时的物理学界。W.汤姆孙在法拉第的力线思想激励下表现最为突出。他整合了法拉第的力线思想和泊松、拉普拉斯的静电理论，提出场的概念，并初步形成了电磁作用的统一理论。这些重要的推进，为麦克斯韦的电磁场理论的形成奠定了坚实的基础。虽然有了众多的基础铺垫，电磁场论的建立过程仍然困难重重。好在麦克斯韦凭借其强大的物理、数学功底过关斩将，最终完成电磁学的"统一大业"。

麦克斯韦创立电磁场理论的过程，大体上可分成三个阶段，以三篇重要论文为标志。1856年，麦克斯韦发表了第一篇关于电磁理论的论文，题为"论法拉第力线"。1862年，他写了第二篇论文《论物理力线》，分四个部分先后载于《哲学杂志》上。麦克斯韦提出了分子涡流的模型，在讨论静电分子的分子涡流问题时，他大胆地假设：介质分子在电场中发生转动，形成位移电流，这个位移电流和正常的传导电流一样产生磁场，更进一步，即使没有介质，仅仅是电场的变化也等效成位移电流，产生磁场，这样就得出了"变化的电场产生磁场"这一重要结论。位移电流的思想，成就了这位天才的半壁江山。

电磁场理论的建立，标志着电磁学大厦的胜利竣工。麦克斯韦曾称赞安培为"电磁学中的牛顿"，从后来角度看，他自己才是实至名归。

在电磁学从一片荒芜到遍地高楼大厦的建设过程中，我们很容易看到谁做了什么，做了多少，并最终构建起如此宏大的规模。但真正驱动他们克服重重困难，取得最终成功的，是指导行动的奇思妙想。这里有信念、热情、坚持，正是这些经过无数个不眠之夜，无数次食不甘味后所提出的思想实验，不仅解决了科学难题，推动了物理学发展，还帮助人类解除了愚昧，正确认识人和自然，逐层次地还原了真实的世界，在现实世界里，又让人类上天入地，几乎无所不能。在所有的自然科学中，思想实验都是理论创新的强劲发动机！

5

相对论中的
思想实验

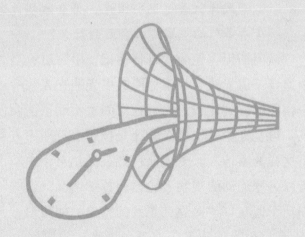

现在我们知道了狭义和广义相对论，才对牛顿的绝对时空观持批判态度。其实牛顿的绝对时空观不但符合人们的日常生活经验，而且在低速、中观物质世界里有牢固的实验基础支持这一观点。因为在低速情况下，由于时间和空间的相对论效应极其微小，不但测量不出来，也不产生任何影响，牛顿的绝对时空观可以得到很精确的证实。爱因斯坦针对一切惯性坐标系在描述力学现象上的等效性，却在电磁学领域有时有效、有时失效的问题，光速的不变性、力学中的速度合成法则以及电磁理论中的不对称等难题，凭借他一系列精妙的思想实验，建立了狭义和广义相对论，又一次体现了思想实验在物理学发展中的重要作用。

5.1　追逐一束光

如果你试着追逐一束光，将会看到什么呢？此时，在一旁看着你的观察者又会看到什么？

爱因斯坦在他的《自传笔记》中写道：当时他幻想在宇宙中追寻一道光线，如果他能够以光速在光线旁边运动，那么他应该能够看到光线成为"在空间上不断振荡而停滞不前的电磁场。可是无论是依据经验还是按照麦克斯韦方程，看来都不会有这样的事情"。爱因斯坦把狭义相对论中基于"相对被观察者以匀速运动的观察者"这一特殊情况产生的时空本质理论，归功于他在16岁时就已想到的悖论。他写道："如果我以速度c（真空中光的速度）追赶一束光，我应该会观察到，这样一束光……将保持静止……看上去似乎并不存在这样的事情，但是，这种判断既非基于经验，也非依照麦克斯韦方程组。从一开始，它就直观且清晰地向我呈现：从观察者的角度判断，每件事都会遵从相同的物理定律，即一位与地球保持相对静止的观察者所观察到的。那么，对于首位观察者来说，他是如何知晓（确定）自己正处于一个速度极大的匀速运动状态之中呢？当时就有人意识到，狭义相对论早已在此悖论中萌芽。"

爱因斯坦思考的"追光悖论"所涉及的内容其实是经典力学与麦克斯韦方程组、电磁学实验事实之间的矛盾。按照经典力学，光子以光速c运动，当他以光速c追赶光子时，根据经典力学伽利略相对性原理，他与光子的相对运动速度为$v = c - c = 0$。因此，爱因斯坦在追光思想实验中按照经典力学可以得出，如果他以速度c追随一条光线运动，那么他自然就应当看到这样一条光线，就好像在空间里振荡着而停滞不前的电磁场。但是，依据麦克斯韦的电磁理论导出光在真空中的速率为c，它同带光体的运动状态和参考系无关。也就是说，麦克斯韦电磁理论和光学实验都证明在真空中光速是不变的，与参考系无关。但根据伽利略经典相对性原理，在真空中光速不是不变的，而是随着参考系的不同而变化。这样的话，如果坚持伽利略相对性原理，那么光速不变原理是错的；如果坚持光速不变原理，那么伽利略相对性原理是错的。爱因斯坦的"追光实验"引出了一个物理悖论。

洛伦兹也曾在相信以太存在的前提下，试图解释迈克耳孙–莫雷实验的"零结果"，他提出了物体在运动方向上长度缩短的假设，他的理论不断地完善，形成了后来的"洛伦兹变换"方程式。但由于他没有走出绝对时空观的束缚，仍然找不到解决经典物理学中理论矛盾的突破口和新理论的生长点。其实承认以太的存在，就是承认绝对参考系的存在，承认空间、时间的绝对性。问题的本质就在于光速不变的原理已经否定了绝对空间、绝对时间和绝对运动的真实性。

爱因斯坦依据"追光思想实验"、麦克斯韦方程推理出的"光速绝对论"、1887年迈克耳孙-莫雷实验证实的光速恒常数c的结论与伽利略相对性原理的矛盾，分析了"洛伦兹变换"对比"伽利略变换"的进步，提出时间与空间具有相对性，并认为它们都不是绝对的，而是相对的。不存在绝对静止的空间，也不存在绝对同一的时间，所有时间和空间都是和运动的物体联系在一起的，因而也不存在绝对的运动。对于任何一个参照系和坐标系，都有属于这个参照系和坐标系的空间与时间，在任何惯性参考系中，光在真空中的速度都等于常数c，不随光源和观测者所在参考系的相对运动而改变。对于任何观察者，无论其运动状态如何，科学定律都是相同的，光速不变原理也是相同的。爱因斯坦通过"追光思想实验"，借助思维逻辑推理，实现了在狭义相对论和广义相对论以及其他很多领域中的重大理论突破，再次证明了思想的力量。

5.2　被闪电击中的火车

在1905年前的很长一段时间里，爱因斯坦一直思考着一个难以解决的问题：假设有一束光沿着铁轨传播，速度为每秒299792千米。如果在铁轨上有一列火车沿光前进的方向以每秒99792千米的速度行驶，那么以火车为参考系，这束光的速度就是2000000千米每秒。这和光速恒定的理论是矛盾的。当时他坚信麦克斯韦和洛伦兹电动力学方程是正确的，但光速的不变性与力学的速度合成法则明显地相抵触，爱因斯坦百思不得其解，他试图修改洛伦兹的观点，以解决这个矛盾，白花了一年的时间，依然徒劳无功。

1905年的春天，沉默寡言的爱因斯坦坐上了回家的电车，车站距离伯尔尼钟楼有几英里远。看着眼前巨大的钟塔渐渐远去，爱因斯坦突发奇想：如果电车以光速驶离钟楼，钟楼上

图5-1 伯尔尼的钟楼

的钟看起来像停了。因为钟反射的光也是以光速前进，也就是爱因斯坦后来看到的，是他离开那一瞬间的样子，时间仿佛停止了，但同时他也清楚自己手表的指针仍继续转动，时间会正常流逝，这对爱因斯坦来说又产生了另一个悖论。

为了解释这个物理学难题，爱因斯坦想到了一个精妙绝伦的思想实验。他设想一个人站在车站站台，左右两边射下两道闪电，他恰好站在两道闪电中间，以他的视角可以观察到两束光线同时射下。但是，在火车上的人却看到了不同的一幕，火车正以光速行驶经过站台，根据牛顿运动定律，火车上的人会先看到距离火车更近的光线射下，然后才看到较远的光线。然而这两个人测量出的光速却不同。根据麦克斯韦的理论，光速是恒定的，那么在所谓的宇宙基本事实的前提下，这样的结果怎么可能会发生？爱因斯坦认为，这是因为时间本身变慢了，相对于站台上的人，火车上的人经过他时所经历的时间更慢一些，爱因斯坦称之为"时间膨胀"，牛顿的绝对时间观念被打破，光速还是保持不变就得到合理性解释。爱因斯坦将这一原理命名为狭义相对论，称之为"狭义"是因为它主要解决速度

恒定的问题。但在现实世界中，物体总是在加速或者减速，爱因斯坦需要考虑在加速的情况下，这一原理是否适用。为了概括并解释普遍现象，爱因斯坦发现了时间与引力之间的关系，并将这一新发现的引力理论命名为"广义相对论"。爱因斯坦认为，时间也像空间一样，具有延展性，所以时间也可以看成一种维度。时间与空间不能分开来探讨，是共同组成四维空间的一片织网，能够无限延伸，宇宙事件在这片织网上不断展开，爱因斯坦将其称为"时空"。时空因大质量物质而弯曲，时空的曲度就越大，引力也会越强。根据狭义相对论，下落的速度越快，时间流逝得就越慢。爱因斯坦认为没有绝对的时间，时间是相对的，而且取决于它所在的参考系。①

理解狭义相对论的关键，是同时性的相对性。他在自己写的相对论科普读物《狭义与广义相对论浅说》一书中使用了"雷击火车"思想实验，解释了他提出的"同时性的相对性"的观点。"雷击火车"思想实验的原文如下：

> 假设有一列很长的火车，以恒速v沿下图所标明的方向的轨道行驶，在这列车上旅行的人们可以很方便地把火车当作刚性参考物体（坐标系）；他们参考火车来观察一切事件，因而，在铁路线上发生的每一个事件也在火车上某一特定的地点发生，而且完全和相对于路基所作的同时性定义一样，我们也能够相对于火车作出同时性的定义。但是，作为一个自然的推论，下述问题就随之产生：

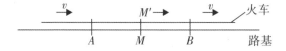

---

① 资料来源：天文在线.时间膨胀：为什么重力能够使时间变慢？[EB/OL].https://new.qq.com/rain/a/20200901A06QY800.html.

对于路基来说是同时的两个事件（例如当A、B两处发生雷击），对于火车来说是否也是同时的呢？我们将直接证明，回答是否定的。当我们说A、B两处发生雷击相对于路基是同时的，我们的意思是：在发生闪电的A处和B处所发出的光，在路基$A \rightarrow B$这段距离的中点M相遇。但是事件A和B也对应于火车上的A点和B点。令M'为行驶中的火车上$A \rightarrow B$这段距离的中点，正当雷电闪光发生的时候，点M'自然与点M重合，但是点M'以火车的速度v向图中的右方移动。如果坐在火车上M'处的一个观察者并不具有这个速度，那么他就总是停留在M点，雷电闪光A和B所发出的光就同时到达他这里，也就是说正好在他所在的地方相遇。可是实际上（相对于路基来考虑）这个观察者正在朝着来自B的光线急速行进，同时他又是在来自A的光线的前方向前行进，因此这个观察者将先看见自B发出的光线，后看见自A发出的光线。所以，把列车当作参考物体的观察者就必然得出这样的结论，即雷电闪光B先于雷电闪光A发生，这样我们就得出以下的重要结果：

对于路基是同时的若干事件，对于火车并不是同时的，反之亦然（同时性的相对性）。每一个参考物体（坐标系）都有它本身的特殊的时间；除非我们讲出关于时间的陈述是相对于哪一个参考物体的，否则关于一个事件的时间的陈述就没有意义。[①]

爱因斯坦利用光速不变性原理与狭义相对性原理，通过假

---

① 爱因斯坦. 狭义与广义相对论浅说[M]. 杨润殷，译. 上海：上海科学技术出版社，1964：21-23.

想实验，研究了不同坐标系与不同地点发生事件的时间关系，结果发现从一个坐标系看来是同时发生的事件，从另一个与之相对运动的坐标系看来却不是同时发生的事件，由此证明了同时性与运动有关，同时性是相对的，而不是绝对的。我们看到在相对论中"同时"和"同地"一样都是相对的，因而在车上的人看来车头、车尾同时发生的两件事，对车下的人来说，只要车在运动，这两件事就不会是同时发生的。"同时"的这种相对性与人们的日常观念和日常感受大不相同，很难被接受。这是因为这种相对性只有在接近光速运动时才会明显表现出来，我们通常接触的汽车、火车、飞机，运动速度都太小，感觉不出同时的相对性。爱因斯坦从光速不变原理和相对性原理推出了洛伦兹变换公式，进而推出时间膨胀、长度收缩等结论。狭义相对论的诞生改变了人类对宇宙时空的认知。

5.3 双生子佯谬

1905年9月，爱因斯坦在著名的德文杂志《物理学年鉴》上发表了历史性文献《论动体的电动力学》，它宣告了狭义相对论的问世。自狭义相对论建立以来，人们对它的质疑声不绝于耳。根据狭义相对论，对静止的观测者来说，运动物体的时钟会变慢，而相对论又认为运动是相对的。那么，有人就感到糊涂了：站在地面上的人认为火车上的钟更慢，坐在火车上的人认为地面上的钟更慢，到底是哪里的钟快？哪里钟慢？人们总想不通，于是，法国物理学家P. 朗之万在1911年用"双生子佯谬"来质疑时间膨胀效应。

假设在1997年的某一天，一对双胞胎诞生了，其中哥哥被抱到宇宙飞船1号送上太空，弟弟则留在地球。飞船1号以极快的速度（光速的3/4）飞离地球。根据相对论的计算结果，在如此高速下，时间变慢的效应很明显，是3∶2左右。所谓"时钟变慢"，是一种物理效应，不仅仅是时钟，而是所有与时间有关的过程，诸如植物生长、细胞分裂、原子震荡，还有心跳，所有的过程都放慢了脚步。

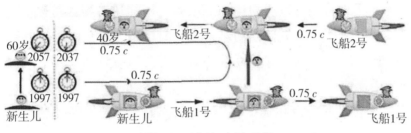

图5-2　谁的时间更慢

总之，当地球上的人认为弟弟在地球上过了3年时，他的孪生哥哥在飞船上只过了2年。按照地球上的飞船发射计划，1997年发射的宇宙飞船1号，将于地球上30年之后（而飞船1号上经历的时间是20年），在某处与飞船2号相遇。飞船2号是朝地球飞过来的，速度也是光速的3/4左右。在那个时刻，哥哥从飞船1号转移到飞船2号上，再经历地球上30年时间（飞船2号上经历的时间是20年），这样经历地球上总共60年（飞船上经历的时间是40年）之后的2057年，一对双胞胎终于能够再见面了。那时候，弟弟已经60岁了，但一直生活在高速运动的飞船中的哥哥却只过了40个年头。

按照爱因斯坦的狭义相对论，那么所有的参考系应该都是同等的？哥哥在两艘飞船中不也一直是静止的吗？地球上的弟弟却总是相对于他做高速运动，因此，他以为弟弟应该比他年轻许多才对。但是，事实却不是这样，他看到的弟弟已经是两鬓斑白的60岁老人了，这便构成了"双生子佯谬"。

有些物理学家认为，"双生子佯谬"问题的关键在于不正确地运用了狭义相对论。狭义相对论中的时钟延缓公式是由洛伦兹变换得来的，而洛伦兹变换的前提条件是相互变换的坐标系必须是惯性系。在"双生子佯谬"实验中，以近光速飞行的哥哥在离开地球和返回地球的途中经历了加速与减速过程，这样就不能认为哥哥经历的运动与弟弟经历的运动相互对称了。所以，以地球这个惯性系为参考系对时钟延缓效应的计算是正确的，而以飞船这个非惯性系为参考系对时钟延缓效应的计算则是错误的。

史蒂芬·霍金在他的科普名著《时间简史》第二章中指出："只是对于头脑中仍有绝对时间观念的人而言，'双生子佯谬'才是悖论。在相对论中没有一个唯一的绝对时间，相反，每个人都有自己的时间测度，这依赖于他在何处并如何运动。"由于我们处在低速世界里，因而会对同时性的相对性感到不可思议，但是它并不荒谬，因为在相对论中因果关系是绝对的。由此可见，我们在研究"双生子佯谬"时，应该从同时性的相对性方面来研究。

目前，科技进步使人们可以证明时间的减慢。1966年，人们用μ子做了类似双生子旅游的实验，让μ子沿直径为14 m的圆环运动，再回到出发点。在实验中，人们测得μ子绕圆形轨道高速运动时，其平均寿命比在地面的μ子延长了30倍。这个倍数恰好是根据相对论"时间膨胀"公式所得出的值。1971年，人们还观察到放置在绕地球旋转的卫星上的电子钟较之地球上的电子钟走得慢一些，这就证明了相对论的正确性，同时也证明了"双生子佯谬"不是谬误而是事实。

2021年10月16日0时23分，搭载神舟十三号载人飞船的"长征二号"F遥十三运载火箭，在酒泉卫星发射中心按照预定时间精准点火发射，顺利将翟志刚、王亚平、叶光富三名航天员

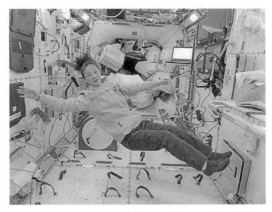

图5-3　在空间站的航天员王亚平

送入太空。那王亚平在太空中变年轻了吗？

根据狭义相对论，航天员在太空中快速飞行，空间站的时间会过得比地球表面上慢。空间站与地球的时间差Δt的计算公式为

$$\Delta t = \frac{\Delta T}{\sqrt{1 - \left(\dfrac{v}{c}\right)^2}}$$

公式中，Δt是地球表面的时间，ΔT是空间站的时间，v是空间站的飞行速度，c是真空中的光速。代入数据可以算出，地球上每过1秒的时间，空间站上会过0.99999999967秒。因此，地球上每过一天，空间站上的时间会累计变慢大约0.0000285秒，也就是28.5微秒。王亚平在太空中待半年的时间，到了那时，她经历的时间将会比地球上的我们慢大约0.0046秒，也就是4.6毫秒。因此，从相对论角度来看，王亚平在太空中确实变得更年轻了。只是这种时间差异极其微小，在航天员身上的变化可以忽略不计。如果未来人类可以建造出亚

光速飞船,让飞船的速度接近光速,时间膨胀效应将会变得非常强大。如果飞船的速度达到光速的99.5%,宇航员乘坐这样的飞船飞向宇宙,当他在太空中飞行一年后回来,地球上已经是10年之后。

5.4 爱因斯坦的神奇电梯

狭义相对论的核心原理只有两条,狭义相对性原理和光速不变原理。狭义相对性原理是说,在一切惯性系中物理定律都是等价的,或者说我们不能通过物理实验来发现不同惯性系的区别。所谓的惯性系,简单来说就是匀速直线运动的参考系。狭义相对论建立以后,爱因斯坦考虑应该把相对性原理推广到任意参照系中,建立更为普遍的物理理论。他坚信自然界是和谐统一的,物理学的定律必须具有这样的性质,它们对于以无论哪种方式运动着的参照系都是成立的。普遍的自然规律是用那些对于一切坐标系都有效的方程来表示的。我们知道,地球上的物体都要受到地球的引力;地球处于太阳系中,要受到银河系各星体的引力……自然界各物体之间普遍存在引力。在引力场中一切物体都具有同一加速度。在狭义相对论的框架里,引力是不可回避的问题,必须首先研究引力。

问题的决定性突破,是由一个理想实验取得的。爱因斯坦1922年回忆创建广义相对论的过程时讲道:"有一天,突破口突然找到了。当时我正坐在伯尔尼专利局办公室里,脑子里突然闪现了一个念头:如果人正在自由下落,他决不会感到他有重量。我吃了一惊,这个简单的思想实验给我的印象太深刻了,它把我引向引力理论。我继续想下去:下落的人正在做加速运动，可是在这个加速参照系中，他有什么感觉？他如何判断面前所发生的事情？"爱因斯坦把这个瞬间称为"一生中最快乐的时刻"。下面我们具体看一下这个理想实验。

爱因斯坦假设，理想电梯中装有各种实验用具，并且有一位实验物理学家在里面安心地进行各种测量。当电梯相对于地球静止的时候，电梯里的实验物理学家将测出电梯里的一切物体都受到一种力。若没有其他的力与这

图5-4 爱因斯坦理想电梯实验

种力相平衡，这种力就会使物体落向电梯的地板，并且所有物体下落时的加速度是相同的。由此，实验物理学家能够得出结论：他所在的这个电梯受到外界的引力作用。

如果电梯的缆绳突然断开，电梯将做自由下落运动。实验物理学家将会发现，电梯里的一切都不再表现出任何受引力作用的迹象。苹果和羽毛皆可以自由地停留在空间，实验物理学家可以在电梯底部行走，也可以在电梯顶部或侧壁行走，各种行走所需的力气完全相同。此时，实验物理学家通过观测任何物体的任何力学现象都不能获得任何引力存在的迹象。

爱因斯坦进一步指出，在理想电梯中，那位实验物理学家不仅通过力学现象得不到引力存在的迹象，而且通过其他任何物理实验都不能得到引力存在的迹象。这就是说，在这个理想电梯的参照系中，引力完全被消除了。电梯中的实验物理学家既不可能通过物理现象来判断电梯外面是否存在一个地球这样

的引力作用源，也不能测量出自己的电梯是否在做加速运动。电梯外参考系的人将看见电梯和电梯内的人和物都在做相同的加速运动，而电梯内的人却发现物体不受任何力作用，处于静止状态，于是，爱因斯坦提出引力场和参照系相当的加速度在物理上是等价的，非惯性系被纳入了相对论的范畴。

通过上述电梯里的理想实验，爱因斯坦发现了引力最重要的特性：可以在任何一个局部范围内找到一个参照系，使其中的引力作用全部被消除。物理学中其他的力都没有这种特性。因为电磁力、粒子间的强相互作用力和弱相互作用力，都是不可能用选择适当参照系的方法完全消除的。这就是爱因斯坦理想电梯实验抽象出广义相对论的一个重要原理，即"等效原理"：空间某物体受到引力作用时，与物体以相应的加速度做加速运动时产生的效应相同。

有了等效性原理这座桥梁，爱因斯坦就能够顺利地把相对性原理从惯性系推广到非惯性系，即推广到任意参照系，于是广义相对论的建立有了关键性的突破。广义相对论指出物体的质量会使周围的时空弯曲，弯曲的时空会导致光的测地线发生变化，自由物体会沿测地线移动，此时引力就成为一种时空弯曲的效应。在这种情况下，行星在引力作用下绕恒星运转成为沿着时空测地线的自由运动，即类似在牛顿惯性系中不受力的惯性运动。

5.5 引力波与引力透镜

1936年，爱因斯坦在《科学》杂志上发表了一篇题为"引力场中光线偏移导致行星出现的透镜式效果"的论文，运用广义相对论提出宇宙中存在引力透镜现象。他指出，在太空中，有些区域会聚集若干质量很大的天体（前景天体），如巨大的恒星或星系，在这种天体的挤压下，周围的空间就会凹陷下去。如果有发出明亮光线的物体（背景天体）恰好位于该区域后方，当它的光线从这里经过时，本来沿着直线运动的光波就会随着凹陷的空间弯曲，就像光线经过凸透镜发生折射一样。不过，与真正的凸透镜不同，引力透镜上各点的聚焦能力并不一致，而是与该点到中心位置的距离成反比。

因此，当背景天体发出的光线经过由前景天体构成的引力透镜时，根据观察者与引力透镜、背景天体的不同位置，我们会看到该天体被放大后的多个虚像。如果观察者与引力透镜、背景天体处于一条直线上，就会看到作

图5-5　爱因斯坦光环

为引力透镜的前景天体周围有一圈背景天体的虚像，宛如一枚闪亮的钻石指环，这就是"爱因斯坦光环"。宇宙虽然浩渺无穷，其中各种天体也不计其数，但能够满足爱因斯坦光环形成条件的天体其实并不多见。

直到1979年，第一个引力透镜终于被发现，证实爱因斯坦的思想预测并非妄言。1987年初，美国麻省理工学院的杰奎琳·休伊特率领一群观察者，利用超大阵列射电望远镜，发现了第一个爱因斯坦光环。到如今，我们已经观察到的引力透镜多达数百个。长期以来，人类就一直在沙漠般的太空中寻找宇宙起源的线索。由于引力透镜能够制造虚像并加以放大，宇宙沙漠中就出现了许多如海市蜃楼般的天体幻影。这一方面让

太空的情况变得复杂起来，人们观测到的许多星体显得真假莫辨、大小难测，但另一方面也提供了很多有价值的线索，让人类能够透过幻象了解真相。

利用引力透镜现象可以对前景天体的物质分布进行研究，可以计算宇宙的大小和年龄。在现在已知的宇宙边缘，存在着一些类星体，它们发出的光线在经过引力透镜时发生偏移，最终通过不同的路线到达地球。这样一来，这些光线到达地球的时间也会不同。在计算了这种时间差之后，就可以算出地球到类星体的距离，从而算出宇宙的大小和年龄。引力透镜有助于人类发现宇宙中的暗物质。天文学家认为，宇宙中有超过90%的部分是由暗物质和更神秘的暗能量构成的。

1979年，天文学家观测到类星体Q0597＋561发出的光在它前方的一个星系的引力作用下弯曲，形成了一个一模一样的类星体的像，这是第一次观察到引力透镜形成的像。2007年5月，美国科学家借助引力透镜，发现了一个跨度约250万光年的暗物质环。

"爱因斯坦十字"是观测到的另一个著名的引力透镜效应例证之一。它位于飞马座内，背景光源是距离地球80亿光年的类星体，而产生引力场的是其正前方距离地球约4亿光年的前景星系。类星体的光线因引力透镜效应形成四重影像，对称分布于前景星的核心四周，与其形成一个近似的十字形，因此而得名"爱因斯坦十字"。因为此天体现象是哈佛–史密松天体物理中的一次红移巡天中由赫克拉（John Huchra）所发现，又称"赫克拉十字"。

在天文学研究中，根据引力源的大小，人们把引力透镜分为强透镜、弱透镜和微透镜。引力透镜在天文研究中有非常重要的作用。除了可以看到星系、类星体、超新星的多重像，爱因斯坦十字及爱因斯坦光环之外，天文学家用透镜星系团与透镜星系研究极早期宇宙，将一些原本暗弱到无法被观测到的极早期星系的光放大10倍以上，从而观测到它们。因此，哈勃太空望远镜执行的任务之一就是利用引力透镜观测极早期宇宙中的暗淡星系。

引力透镜效应在宇宙学的研究中也有重要作用。过去的观测与理论研究都表明，宇宙中有大量无法用任何望远镜看到的物质，它们被称为暗物质。暗物质的总量大约是普通物质总量的5倍。利用引力透镜效应，天文学家和宇宙学家可以更精确地确定出星系团和星系内的普通物质与暗物质的分布情况，进而确定宇宙学的一些重要参数。恒星甚至围绕恒星运转的行星所形成的微引力透镜效应也有重要应用。天文学家用它们寻找一些太阳系外的行星、黑洞、褐矮星，还用它们研究暗物质、银河系的盘结构、星系内形成恒星的快慢程度等。

5.6　相对论中的思想实验对物理学发展的贡献

严格意义上说，相对论理论体系是在思想实验基础上建构的。相对论在百年之后才被物质实验和技术研发所逐渐证实。爱因斯坦的追光思想实验颠覆了经典物理学领域，重新定义了时间和空间概念，推动了物理学研究范式的"革命"。更进一步的思想实验揭示了时空的相对性带来的其他影响，比如：空间沿运动方向收缩；质量随速度的增长而增长；某人眼中仿佛是同时发生的事件，在他人看来却不是……对我们来说，这些理论是难以理解的，这是由于在人类日常经验中，速度变化太过微小，牛顿时空观对我们来说是最科学和符合常识的且容易被验证的。今天我们才清楚，在速度接近光速c时，那些意义深远的相对论效应才出现了。这也说明牛顿时空观和伽利略经典相对性原理能够很好地解决低速物理空间的运动问题。

1905年，爱因斯坦在题为"论动体的电动力学"的论文中研究了运动物体的电动力学，涉及对空间和时间理论的一些修正。文中提出的区别于牛顿时空观的理论被称为狭义相对论。虽然狭义相对论颠覆了经典物理学，但仍有两大问题尚未解决：第一，该理论只涉及匀速运动系统，没有考虑变速运动；第二，没有考虑万有引力。狭义相对论建立以后，爱因斯坦并没有止步，他一直在寻找一种能够摆脱这两个限制的理论。1907年的一天，爱因斯坦在上班的时候的灵光一闪，通过"理想电梯"这个思想实验，初步解决了狭义相对论带来的烦恼。爱因斯坦进一步引申到惯性质量与引力质量的关系问题。1916年，爱因斯坦明确提出，惯性质量和引力质量是等效的。惯性质量与引力质量的等效性原理表明，引力与加速度是等效的，这一发现使得相对论扩展到引力范畴。原来的狭义相对论只适用于所有非加速观察者这一特殊情形，而广义相对论适用于所有情况下的观察者。

从"追光实验""理想电梯实验"这些思想实验中，我们感受到爱因斯坦的伟大，因为当时没有宇宙飞船和粒子加速器，全凭思想实验和数学推进建构起狭义相对论、广义相对论理论体系，这个理论体系在百年后的今天，才在天文学、高能物理、航空航天领域得到广泛证实和应用。我们也敬佩那个时代的人们，在并不知道狭义相对论、广义相对论有何用处时，仍然给了爱因斯坦崇高的荣誉、敬意和社会地位。

6

量子力学中的
思想实验

量子力学作为研究物质世界微观粒子运动规律的物理学分支，主要研究原子、分子、凝聚态物质，以及原子核和基本粒子的结构、性质和规律。它与相对论一起构成现代物理学的理论基础。由于原子层级的微观世界受人类观测水平和实验工具的限制，思想实验在量子力学的发展历程中发挥了关键性作用。爱因斯坦、玻尔、薛定谔等一批物理学家精妙的量子力学思想实验，不仅推动了量子力学理论的发展，而且为我们学习他们的创新思维特点和规律提供了无穷的教育教学资源。

6.1　爱因斯坦的光子盒

　　尼威斯·玻尔，量子力学的奠基人之一。他认为，原子的研究不但已经使我们的洞察力深入到了一个新的知识领域，而且已经刷新了我们对一般知识的认识方式。随后，玻尔与海森堡等年轻的科学家于1927年成立了"哥本哈根学派"。波函数的概率解释、不确定原理和互补性原理的提出

图6-1　尼威斯·玻尔

形成了量子力学的诠释，被称为"哥本哈根诠释"。这种诠释的基本出发点是认为人类对于微观世界的物理过程只能进行概率描述。对于某个人，我们可以说出此人在某时某刻处于某个位置上，但是对于一个像电子这样的微观物体，我们就只能说它在某时某刻处于某个位置上的概率是多少。这一解释完全违背了经典物理学原理。在爱因斯坦的世界观中，世界是客观存在的，"相信有一个离开知觉主体而独立的外在世界，是一切

自然科学的基础",更重要的是,宇宙的一切遵循自己的既有轨道,根本就看不到概率的影子。这个世界是严格遵循因果律的。因此,爱因斯坦认为,量子力学还不完善,只是给出运动概率的量子力学是一种最终的完善的量子力学的暂时形式。他说:"我无论如何也不相信上帝会掷骰子。"

爱因斯坦认为,虽然量子力学理论可以对粒子世界进行很好的理论解释和数学计算表达,但量子力学的概率论表达是对实在事物的一种不完备的表示,这种理论会把我们对物理学基础统一性的寻求引入歧途。他认为任何一个领域的基础理论都不能是统计性的,且必须满足因果决定论。爱因斯坦认为,量子力学理论仅仅是对粒子系统行为的一种说明,而不是对粒子运动规律的最终表述。量子力学不能说明基本粒子的运动现象,基本粒子的运动现象必须是决定性的,而不能是统计性的。为了说明测不准原理的不完备性,进而推翻量子力学的理论基础,爱因斯坦精心设计了光子盒思想实验。

1930年10月,在布鲁塞尔召开的第六届索尔维会议上,爱因斯坦将精心准备的著名的光子盒思想实验讲给玻尔,来批驳量子力学对粒子运动规律的概率论解释和不确定原理。光子盒思想实验设计如下:

如图6-2所示,一个具有理想反射壁的盒子,里面装满了光子。盒子上有一个快门,用盒子内部的时钟控制,保证快门启闭的时间间隔 Δt 足够小,正对着快门的盒面上开有一个孔。盒上与开孔相对的一面有一指针,指向支架杆上的刻

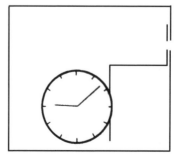

图6-2　爱因斯坦的光子盒

度，通过这个指针可测定整个盒子的质量。现在设想当快门从时刻t_1到时刻t_2打开的瞬间，每次只释放一个光子。光子发射前后盒子的质量变化Δm可以精确测定，根据相对论质能转化公式$E=mc^2$，可以计算盒子损失的能量ΔE，同时根据计时装置又可准确地确定光子的发射时刻和到达远处屏上的时间。这样，时间和能量都可以很准确地测定，这就意味着推翻了时间与能量不能同时测定的测不准原理。听了爱因斯坦的光子盒理想实验，玻尔一时不知如何反驳，情绪很是失落。

但事情后来出现了戏剧性的变化，经过了一个不眠之夜的思考，玻尔找到了破解之法，他用爱因斯坦的广义相对论的红移效应来反驳爱因斯坦的光子盒理想实验。根据广义相对论，在光子发射的前后，光子盒的质量会发生变化，要如何测量盒子的质量损失呢？首先，将盒子放在引力场中，然后用弹簧秤测量，如图6-3所示。他假设盒子

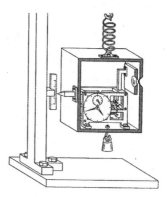

图6-3 玻尔"加工"过的爱因斯坦光子盒

是挂在弹簧秤下，盒子上装有指针，从标尺可以读出指针的位置。使光子盒在引力方向上有一段距离Δx时，这种移动就会改变时钟的快慢，设时间的快慢随之改变相应的ΔT。所以当用尺子测弹簧秤读数时，时间就不能精确测量了。如要精确测量时间，就要排除引力场，但这样一来，光子盒的质量就测不出来了，质量的变化也就测不出来了。根据广义相对论的"引力红移"，ΔE和Δt不能同时精确测定。也就是说，爱因斯坦的广义相对论证明了测不准原理。玻尔巧妙地利用爱因斯坦设

计的思想实验和他创立的广义相对论的"引力红移"来驳倒了
爱因斯坦，从而维护了量子理论。爱因斯坦不得不放弃自己的
看法，承认量子力学在理论上是自洽的。

6.2　海森堡的显微镜实验

海森堡出生于德国一个中产阶级的
学术家庭，喜欢数学和科学研究，1920
年在慕尼黑大学就读时，在大师索末菲
（Arnold Sommerfeld）的指导下，两年
内就发表了四篇高水平物理学术论文。
20世纪20年代初期盛行的量子论，将原
子塑造成是电子沿着固定量子化的轨道
绕着一个原子核运行，电子可以通过吸
收或释放出一定波长的光子而移至更高

图6-4　海森堡

或更低的能级。海森堡反对这个模型，因为他说既然无法实际
观察到电子绕着原子核的轨道，就不能说这些轨道真的存在，
我们只能观察到被原子释放或吸收的光谱。

自1925年起，海森堡开始研究，试着找到一种能够仅依赖
于可观测性质的量子力学。他仍然采用如"坐标"和"速度"
等物理量，运用线性代数中的矩阵来建立起量子理论。同时，
薛定谔也创建了他的波动力学方程。薛定谔波函数的绝对值平
方很快被解释为在某种状态中找到粒子的概率，而他也很快证
明了他的波动表述方式和海森堡的矩阵方法在数学上是等效
的。只是物理学家更习惯于使用波动力学方程，因为波动力学
形式简单，数学方法基本上是解偏微分方程。海森堡因自己的

矩阵方法不太受欢迎而有所失落，但海森堡的矩阵力学很自然地发展出了测不准原理：$\Delta x \Delta p \geq h/4\pi$。不论是电子也好、光子也好，其位置和动量永远都有一个最小的不确定值，并受普朗克常数的限制。量子力学中，除了位置和动量，还有能量和时间，也满足不确定性关系：$\Delta E \Delta t \geq h/4\pi$。不确定原理被越来越多的实验证实，比如海森堡本人设计的思想实验——显微镜实验。实验步骤如下：

在一个理想的绝对真空室中，设置一可发射任意波长和任意数目的理想光子源 S，壁上有一可发射单电子的理想电子枪，M 为理想的 γ 射线显微镜。γ 射线显微镜的射线波长越短，测量光源 O 发出的电子的位置越准

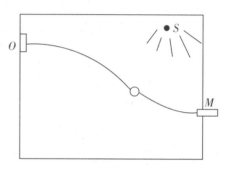

图6-5　显微镜实验示意图

确。通过显微镜 M 观测到 O 发出电子的准确位置，实际上是通过观测 S 发出的光子击中 O 发出的电子形成的反射光子来实现的，这如同我们日常观测到的物体是因为光线照射到物体上发生了反射的道理是一样的。由于存在康普顿效应[①]，我们通过所观测到的被击中电子反射过来的光子来确定电子的准确位置是不可能准确的，在确定电子位置的瞬间，即光子击中电子的瞬间，电子不连续地改变了它的动量，而且 S 所射光子的波长越短，理论上测量电子的位置越准，但电子的动量改变也越

---

① 1923年康普顿在研究石墨X射线的散射实验时发现的现象。这个实验表明：散射光中除了与入射波长 λ_0 相同的成分外，还有大于 λ_0 的波长为 λ 的散射光；波长差 $\Delta\lambda = \lambda - \lambda_0$ 随散射角 θ 的增加而增大，与散射物质无关。

大。此外，γ射线显微镜的射线波长越短，对传到显微镜的光子产生的折射扰动作用越明显。因此，我们不可能同时准确地测定反射光子的位置和动量，也就不可能准确地通过光子投影效应来测量电子的位置和动量。

用更通俗的语言解释，人类测量微观粒子的唯一手段就是观察，观察就需要使用工具，这个工具便是用电磁波去探测微观粒子，由于我们所用的探测工具——电磁波和被探测的微观粒子在能量与质量的数量级上相差不大，所以探测工具对探测对象的扰动相对于宏观世界就明显得多。我们越想测量微观粒子的位置精确度，就越要用波长更短的电磁波去探测，而波长越短，频率就越大，动量就越大，自然对探测对象的扰动就越大，你越想更精确地测量粒子的位置，其粒子的动量就越不精确。换句话说，人们要想观测微观客体的运动状态就必须借助测量仪器，而仪器在观测活动中必然与被测对象发生不可避免且不容忽视的相互作用，这样，测量的结果就不可能是微观客体自身的状态，而是测量仪器干预下的状态；并且，这种干预作用无法像测量宏观物体那样，可以从结果中被过滤掉。海森堡的测不准原理对我们传统的观测主体与被观测客体的二元分离观念以及线性的因果决定论思维提出重大挑战。

6.3 薛定谔的猫

要理解"薛定谔的猫"思想实验，得先回顾一下量子力学的哥本哈根诠释。量子理论起源于对黑体辐射现象的解释。普朗克率先提出了能量只能以分立的能量子发射或吸收的观点，爱因斯坦把普朗克假说加以推广，用以解释光电效应。他指出，光由穿过空间的能量子所组成，可是光还产生衍射和干涉现象，显然这又是波的性质，于是，爱因斯坦进一步大胆设想——或许光是一种兼有波和粒子的部分特性的东西。法国物理学家德布罗意通过实验发现，所有的微观客体都具有这种"波粒二象性"。顺着这一思路，海森堡、薛定谔先后引导出矩阵力学方程和波动力学方程，并且，薛定谔证明了这两个方程在数学上是等价的。为了解决波动图像和粒子图像间的佯谬，玻恩采取了概率波的解释，再后来，海森堡提出了著名的测不准原理。20世纪20年代，玻尔、海森堡、玻恩及其他物理学家对量子力学现象进行了系统理论解释，"哥本哈根诠释"是后来人们对玻尔等人共同思想的指称，其主要观点包括：一个量子系统的量子态可以用波函数来完全地表述，波函数代表了一个观察者对于量子系统所知道的全部信息；量子系统的描述是概率性的，一个事件的概率是波函数的绝对值平方；在量子系统里，一个粒子的位置和动量无法同时被确定；物质具有波粒二象性，一个实验可以展示出物质的粒子行为，或波动行为，但不能同时展示出两种行为；测量仪器是经典仪器，只能测量经典性质，如位置、动量等；大尺度宏观系统的量子物理行为应该近似于经典行为。

量子力学的"哥本哈根诠释"从微观延伸到宏观成为一种普遍的物理学规律。爱因斯坦和薛定谔都认为量子力学的微观解释是比较有效的，但是其理论整体是不完备的。爱因斯坦宣称："相信一个离开知觉主体而独立的外在世界，是一切自然科学的基础。""我无论如何也不相信上帝会掷骰子。"薛定谔也非常不满意正统的哥本哈根诠释对波函数及叠加态的概率解释。于是他设计了一个"薛定谔的猫"思想实验对哥本哈根解释给予反驳。

假设把一只猫放进一个封闭的盒子里，然后将这个盒子与一个装置连接，其中包含一个原子核和毒气设施。设想这个原子核有50%的可能性发生衰变。衰变时发射出一个粒子，这个粒子将会触发毒气设施，从而杀死这只猫。根据量子力学的原理，未进行观察时，这个原子核处于已衰变和未衰变的叠加态，因此，那只可怜的猫就应该相应地处于"死"和"活"的叠加态。非死非活，又死又活，状态不确定，直到有人打开盒子观测它。

图6-6　薛定谔的邪恶装置

这个实验中的猫，可类比于微观世界的电子（或原子）。在量子理论中，电子可以不处于一个固定的状态（上或下），而是同时处于两种状态的叠加（上和下）。如果把叠加态的概念用于猫的话，那就是说，处于叠加态的猫是半死不活、又死又活的。量子理论认为：如果没有揭开盖子进行观察，"薛定谔的猫"的状态是"死"与"活"的叠加。此猫将永远处于同时是死又是活的叠加态，这与我们的日常经验严重相违。一只猫，要么死，要么活，怎么可能不死不活、半死半活呢？

根据哥本哈根诠释，用"波函数坍缩"可以从理论上解释"薛定谔的猫"只有一种结果，即当你打开盒子时，叠加态结束，只能看到一种结果。虽然物理学家出于实用主义的目的，多数接受了哥本哈根解释，但爱因斯坦和薛定谔终生认为哥本哈根量子力学解释是不完备的。尽管爱因斯坦与玻尔为此终生都在争辩，却丝毫不影响两人的友谊，量子力学也在爱因斯坦的反对和哥本哈根学派的支持下以火箭般的速度成长。

1957年，休·埃弗雷特提出了多世界解释。所谓多世界，即除了我们观察到的这个世界外，宇宙中还有其他无数个世界存在。量子测量中可得到各种不同概率的结果，每个结果对应于一个世界，但我们只能意识到我们所看到的这个世界的一个结果。

当代物理学实验的天平越来越向哥本哈根解释倾斜。2018年5月27日，《科学》杂志发表了耶鲁大学一个物理学家小组的研究成果。他们把"薛定谔的猫"分成了两个独立的盒子，即常规计算机位可以处于"1"或"0"状态。一个量子比特可以同时处于两种状态，称为"猫状态"，允许它同时执行多个任务。如果这个双态量子位与另一个双态量子位相连，那么任何一个瞬间执行的动作都会触发另一个处于纠缠状态的动作，它们可以同时作为一个单元执行多个任务。不仅"薛定谔的猫"在物理学家看来不再是荒谬的概念，而且更奇异的量子形态正变得司空见惯，并可实现应用。

6.4 爱因斯坦的"EPR佯谬"

1935年，爱因斯坦（Einstain）、波多尔斯基（Boris Podolsky）和罗森（Nathan Rosen）联合发表了题为"能认为量子力学对物理实在的描述是完备的吗"的论文，为反驳量子力学作为普遍物理学规律的完备性而提出的思想实验，EPR是这三位物理学家姓氏的首字母缩写。

"EPR佯谬"思想实验是这样设计的：设想一个由A、B两个粒子组成的某个复合系统，它们在经过某种相互作用后又分开至甲、乙两地。假设甲、乙两地相距无限远，光信号无法把这两地放生的事情连在一起，以致可以认为它们不再相互作用。在这种情况下，某些守恒定律（如动量、自旋等）得以发生作用。现在，按照量子力学理论，倘若对A进行测量，那么人们将发现，这一测量不仅能获得关于子系统A所处状态的某些信息，而且也能准确获得关于子系统B所处状态的某些信息。这意味着A和B是相互关联的，这种特定的关联叫做"EPR关联"。然而，A和B是处于"类空间隔"的，在测量的一瞬时，A将无从影响B。爱因斯坦认为，这样我们就面对着以下两种选择："要么由波动函数所提供的关于实在的量子力学描述是不完备的；要么当对应于两个物理量的算符不能对易时，这两个物理量就不能同时是实在的。"

在论文发表后的两个月，玻尔即在同一年度的《物理评论》上，以"量子力学对物理实在的描述是否完备"为题作了回答。玻尔在文中讲了很多互补哲学，但并不否认爱因斯坦的责难。不过在玻尔看来，量子力学已经是完备的理论，在量子力学的框架内，应该得出"EPR关联"，并不是"佯谬"。

1935年以来的量子科学实验结果更倾向于玻尔的理论解释。2001年中国科学技术大学潘建伟教授等人在《自然》上发表了《量子通信中的纠缠态纯化》研究论文，该论文被评论为"远距离量子通信研究的一个飞跃"。2003年，潘建伟等人在《自然》上发表了论文《任意纠缠态纯化的实验研究》，他们的实验证明，两个相距遥远的光子即使在没有光纤联结和存在噪声干扰的情况下，也可以纠缠在一起。不管两个粒子之间的距离有多远，哪怕其间全是"自由空间"，两者也有根本的互相联系，其中一个粒子状态的变化都会影响另一个粒子的状态。

6.5 量子力学中的思想实验对物理学发展的贡献

量子力学开辟了人类对微观世界的物理学研究。20世纪科学家们"发现"了构成世界的基本粒子共有62种，包括18种夸克、6种轻子、14种规范玻色子和每一种物质粒子都对应着一种反粒子，以及每一种特质粒子都对应着一种反粒子。但量子力学理论的发展与牛顿经典力学不同，它首先借助思想实验和数学推理得出新的理论，再借助物质实验（主要是间接性物质实验）来验证。"科学家们从来没有见过自由的、孤立的夸克，而且人们相信'色以及夸克和胶子永远只是黑箱的一部分，只是个抽象体，它永远无法触发盖革计数器，永远不会在气泡室留下踪迹，也永远不会触动电子探测器的导线'。"[①]

量子力学与基因科学、计算机并列为20世纪三大科技成果。以量子力学为代表的基本物理学理论不仅在认识客观物质

---

① 赵煦，管雪松. 思想实验研究：以当代科学前沿为背景[M]. 北京：科学出版社，2018：175.

世界方面发挥了根本性作用，还导致了一系列重大的高新技术变革，如激光的发明、半导体的应用等，深刻地影响了人类社会的物质生活与产业活动。

量子力学是研究介观物理、新材料、纳米结构的基础理论。量子力学还有可能大规模地应用到信息科学，此时被传递和加工的不是经典信息，而是量子态的叠加。利用量子力学的奇妙特性，在提高信息运算速度、增大信息存储容量和保证信息通信安全等方面，能突破现有的经典信息系统极限，从而引起信息技术的革命。基于量子力学与信息技术的交融、结合，量子计算机和量子通信（包括量子密码术）得以发展，近年来已在理论和实验研究上取得一些突破性进展，引起科学界、信息产业界乃至各国政府的重视。

从爱因斯坦的狭义相对论到原子能的广泛应用，从量子力学到激光、半导体的发明乃至新开辟的量子信息学与量子计算的新天地，都充分说明了物理与工程、科学与技术有着内在的互动关系，并有力地证明了物理理论不仅在探索大自然的现象和规律中起主导作用，而且在推动高新技术的发展中起奠基作用。

近年来量子力学在基础理论方面取得了很多进展，包括波动、粒子二重性和互补原理，有助于阐明量子力学实质的Bell定理及有关实验，波函数的几何相、拓扑相。物理学一些分支的前沿领域的研究工作也往往凭借量子力学作出洞察力的判断而取得重大进展，凝聚态物理中分数量子霍尔效应能从二维电子集体态的波函数出发加以解释，从而揭示了一种新的量子流体的存在。这个例子也说明量子力学的应用促进了物理学各分支的发展。

近年来物理学的许多进展都与量子力学中的一些概念发展

有关，可以从量子力学基础理论找到根源，在这些前沿领域中的进展同时也促进了量子理论本身的发展。同样，物理学与高新技术之间也呈现互相影响与促进的态势。今天的基础理论研究必将引起明天科学技术的重大突破。

量子力学的发展也带来了"世界到底是简单的还是复杂的"的长期争论。爱因斯坦认为："在建立一个物理学理论时，基本概念起了最主要的作用。物理学中充满了复杂的数学公式，但是所有的物理学理论都是起源于思维与概念，而不是公式。在观念以后应该采取一种定量理论的数学形式，使其能与实验相比较。""量子物理学的规律都是统计性质的。""毫无疑问，量子物理学解释了许多不同的事实，对大部分问题，理论和观察很一致。新的量子物理学使我们离开旧的机械观愈来愈远，要恢复原来的地位，比过去任何时候显得更不可能。""如果不相信我们世界的内在和谐性，那就不会有任何科学。这种信念是，并且永远是一切科学创造的根本动机。"[①]爱因斯坦基于他对世界对称、和谐、简单、统一的科学信仰，在其后半生一直无法认同量子力学的基础——测不准原理，而且几乎花费了整个后半生的精力去寻求大统一理论。但是，现代物理学的发展尤其是微观世界和大尺度宇宙世界的物理学研究却展现了一个以偶然性、随机性、无序性、不确定性、概率性为特征的复杂性世界，复杂科学也应运而生。许多科学家仍然坚信，这只是因为我们对微观世界和宇宙世界的认识还处于不够完备的初级阶段，一定存在一个终极理论，我们有能力去发现它，爱因斯坦一生的奋斗目标也是我们今天需要奋斗的目标。

---

① 爱因斯坦，英费尔德. 物理学的进化[M]. 周肇威，译. 长沙：湖南教育出版社，1999：201-209.

7

天体物理学中
的思想实验

天文学在人类早期的文明史中，占有非常重要的地位。中国古代天文学从原始社会就开始萌芽了，是因为历史上皇权都很看重天文历法对王权正统、农业生产、军政大事、趋吉避凶的指导作用，因此，天文学的发展实用性比较强，走向天文科学的步伐比较弱。西方天文学的发展深受古希腊传统的影响，比较重视理性体系的建构。

天文学是世界上古老的自然学科之一，哥白尼提出的日心说，使天文学摆脱宗教的束缚，而后进入了全新的发展阶段。天体的观测研究主要采用三种物理方法——分光学、光度学和照相术。天文学朝着研究天体的形态、结构、化学组成、物理状态和演化规律方向发展，天体物理学就此诞生。

如今天体物理学开始成为天文学和物理学的一门交叉学科。宇宙大爆炸理论之后，尤其是霍金提出量子宇宙学理论之后，天体物理学走向宇宙学的发展新阶段。天体物理学的发展从产生到今天的成熟发展，都伴随着物理学思想实验的贡献，这是因为宇宙理论建构目前只能借助客观天文观测与"思想实验"来推进。在大尺度的宇宙世界，无法进行可调控物理变量的设计式中观世界的物质实验，而且宇宙中的自然物理现象不可重复。

7.1　中国古代的宇宙思想模型

我国古代对宇宙模型的思想建构主要有盖天、宣夜、浑天三种模型。早在三国时期，徐整在《三五历纪》中就提出了一个浑天初始宇宙模型：

> 天地浑沌如鸡子，盘古生其中。万八千岁，天地开

辟，阳清为天，阴浊为地。盘古在其中，一日九变，神于天，圣于地。天日高一丈，地日厚一丈，盘古日长一丈。如此万八千岁，天数极高，地数极深，盘古极长。后乃有三皇。数起于一，立于三，成于五，盛于七，处于九，故天去地九万里。

这是我国对盘古开天辟地神话传说的早期文字记载，也建构起宇宙演变和结构的早期思想模型。即宇宙之初是一个如鸡蛋形的整体，盘古就生在这当中，过了一万八千年，天地分开了，轻而清的阳气上升为天，重而浊的阴气下沉为地。盘古在天地之间，一天中有多次变化，他的智慧和能力比天地高超。天每日升高一丈，地每日增厚一丈，盘古也每日长大一丈。这样又过了一万八千年，天升得非常高，地沉得非常深，盘古也长得非常高大。天地开辟了以后，才出现了世间的三皇。数字开始于一，建立于三，成就于五，壮盛于七，终止于九。[①]

"宇宙"一词早期见于东汉，天文学家张衡所著《灵宪》一文记载："天成于外，地定于内……天有九位，地有九域。天有三辰，地有三形；……过此而往者，未之或知也。未之所知者，宇宙之谓也。宇之表无极，宙之端无穷。"《灵宪》一文有1500余字，是我国古代一篇十分重要的天文学文献，从宇宙的创生一直说到宇宙的尺度、星辰的排列、天球的运行。当然，除了有直观观察的基础，更多的是思想实验成果。

---

① 一、三、五、七、九不是现在对应的数字，而是带有中国古代哲学思想的数字表达。"一"是元初；三可以理解为多、三生万物之意，也可以理解为天地人（盘古）三极；五可指五行、宇宙构成的基本要素和运行规律；五行盛于七，但最终九九归于一。

《晋书·天文志》记载："古言天者有三家，一曰盖天，二曰宣夜，三曰浑天"，"蔡邕所谓《周髀》者，即盖天之说也。……其言天似盖笠，地法覆盘，天地各中高外下。北极之下为天地之中，其地最高而滂沱四隤，三光隐映，以为昼夜。天中高于外衡，冬至日之所在六万里。北极下地高于外衡，下地亦六万里。外衡高于北极，下地二万里。天地隆高相从，日去地恒八万里。日丽天而平转，分冬夏之间，日所行道为七衡六间"。盖天说模型可以解释昼夜交替和四季的变化。

图7-1　盖天说："天象盖笠，地法覆盘"

宣夜说缘于《宣夜》一书，《晋书·天文志》记载："宣夜之书亡，惟汉秘书郎郗萌记先师相传云：'天了无质，仰而瞻之，高远无极，眼瞀精绝，故苍苍然也。譬之旁望远道之黄山而皆青，俯察千仞之深谷而窈黑，夫青非真色，而黑非有体也。日月众星，自然浮生虚空之中，其行其止皆须气焉。是以七曜或逝或住，或顺或逆，伏见无常，进退不同，由乎无所根系，故各异也。故辰极常居其所，而北斗不与众星西没也。摄提、填星皆东行，日行一度，月行十三度，迟疾任情，其无所系著可知矣。若缀附天体，不得尔也。'"宣夜说不认为宇宙有一个固体的"天穹"盖子，日月星辰附在天盖上，随天盖一起运动，认为所谓"天"，只不过是无边无涯的气体，日月星辰就在气体中飘浮游动。宣夜说是中国古代一种朴素的无限宇宙观念。

浑天说比较完备的记述见于东汉张衡的代表作《浑仪注》："浑天如鸡子。天体圆如弹丸，地如鸡子中黄，孤居于天内，天大而地小。天表里有水，天之包地，犹壳之裹黄。天地各乘气而立，载水而浮。周天三百六十五度又四分度之一，又中分之，则半一百八十二度八分度之五覆地上，半绕地下，故二十八宿半见半隐。其两端谓之南北极。北极乃天之中也，在正北，出地上三十六度。然则北极上规径七十二度，常见不隐。南极天地之中也，在正南，入地三十六度。南规七十二度常伏不见。两极相去一百八十二度强半。天转如车毂之运也，周旋无端，其形浑浑，故曰浑天。"浑天说最初认为地球不是孤零零地悬在空中的，而是浮在水上；后来又发展为地球浮在气中，因此有可能回旋浮动，这就是"地有四游"的朴素地动

图7-2　浑天说："天体各乘气而立，载水而浮

说。浑天说认为全天恒星都布于一个"天球"上，而日月五星则附着于"天球"上运行，这与现代天体模型十分相近。浑天说不仅是一种思想模型，而且借助当时最先进的观天仪——浑天仪，来论证浑天说，这是盖天说

图7-3　浑天仪

所无法比拟的。浑天说借助天球模型和浑天仪观测事实而制定的历法具有相当的精度，逐渐取得了优势地位。到了唐代，天文学家通过天地测试彻底否定了盖天说，使浑天说在中国古代天文领域称雄了上千年。浑天说证明，思想实验、理论建构与物质实验验证相结合产生的理论体系才更有科学研究价值。

7.2　古希腊时期的天体思想模型

与古巴比伦、古埃及、古印度和古代中国文明注重实用和神秘目的来研究天文学不同，古希腊文明追求一种符合理性的解释。这可能与古希腊海洋经济贸易发达，衣食无忧，民主城邦制度完善，崇尚理性有关。

自然哲学家泰勒斯的继承人，阿那克西曼德（约公元前610—前545）提出了天球的概念。他主张大地是一个圆柱体，静止在无限宇宙的中心。人类生活在这个圆柱体的柱体的顶面上。在这个圆柱体的外面包围着与前

图7-4　阿那克西曼德

者同轴并转动着的气和火的圆柱面，太阳、月亮和星星是位于这些圆柱面上的一团团火焰，人类看到的只是通过圆柱上的小孔透射下来的一点点火光。日月食和月相的变化是因为小孔的开和闭造成的。阿那克西曼德的宇宙模型与张衡的浑天说相比并没有更先进，但是古希腊自然哲学家运用数学和对理性研究的执着，把天文学发展为一门科学。阿那克西曼德在西方被尊称为"天文学之父"。

毕达哥拉斯（公元前570—前496年）创立了毕达哥拉斯学派，该学派认为"万物皆数"，整体宇宙就是和谐的数，圆则是最完美的几何图形。该学派杰出学者菲洛劳斯（约公元前480—前385年）提出过地动学说，认为地球和

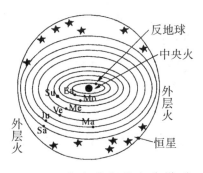

图7-5 菲洛劳斯的宇宙模型

日、月、行星都围绕着一团中央火运行。为了满足他对"10"这个数字的崇拜，他虚构了一个反地球，位于中央火的另一侧。这样日、月、五大行星、太阳、恒星和反地球，共有10个天体绕着中央火运行。菲洛劳斯还认为太阳是一面大镜子，反射了中央火发出的光芒，菲洛劳斯可以说是地动说的先驱。

公元145年，托勒密（公元100—170年）写成《至大论》一书，在书中描述了他的地球中心宇宙模型。

地球静止于宇宙的中心，从里到外依次是月亮、水星、金星、太阳、火星、木星和土星等天球层携带着各个天体绕地球运转，最外围是不动的恒星天层。托勒密假定，天空中的所有可能高度都被诸行星占满。每个行星都有自己时时占据的高度

带，这些高度带相互之间既不重叠，也没有缝隙。托勒密测算得月亮的最大高度是64个地球半径，这个高度与下一个被水星占据的高度带毗连，他推测水星的最小高度也等于64个地球半径。依次类推，他一直推算出最外层的恒星天层。托勒密推算出整个宇宙的半径是地

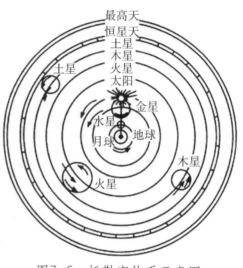

图7-6　托勒密体系示意图

球半径的19865倍，现在看这个宇宙数据是如此之小，错得有些离谱。但是从历史角度看，这个数据在那个时代应该是无比巨大。

托勒密的地球中心宇宙模型一直在欧洲占统治地位，直到16世纪哥白尼提出日心说。教科书把托勒密的地球中心宇宙模型如此谬误还影响如此长远的原因，简单地归于宗教力量的束缚是不够准确的，这当然是其中一个原因，另一个原因是托勒密模型能对太阳、月亮和五大行星这七个天体的运动给出相当精确的预测，天文学家和星占学家根据此模型，可以计算出任何行星的星历表，并给出行星位置的黄经和黄纬值。

7.3　笛卡尔的涡旋宇宙论

哲学家、数学家勒内·笛卡尔拥护哥白尼学说，他希望构

建起一套完整的方法论证其合理性，同时又调和日心说与托勒密的地心说的冲突，他以思辨的形式提出近代天文学的宇宙模型——涡旋宇宙论。

涡旋宇宙论认为物质由火、气、土三种元素组成，三种元素分别对应三种宇宙的组成微粒——极精细微粒、精细微粒和粗糙微粒。太阳和恒星等发光物体由第一元素火构成，天对应第二元素气，地球、彗星和行星主要由第三种元素土构成。行星是由多个形状不规则的第三种微粒团块结合而成，并非正球体；天几乎是一个正球体，因为这样的形态可以最小的表面容纳最多的物质；宇宙无限大，由多个近似球形的天构成。笛卡尔拒绝接受真空或虚空的观念。在他看来，没有物质及其运动的纯粹空间是不存在的。物质的本性是广延，脱离物质谈空间——虚空是无意义的。他反对将空间与物体的位置混为一谈，并强调运动并不是空间位置的改变，各类物质和形式的呈

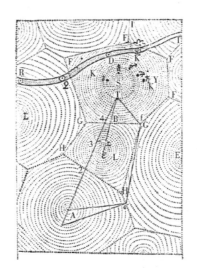

图7-7　笛卡尔的涡旋宇宙模型

现倚赖运动。

太阳和各恒星由第一元素火构成，因此体积较天小得多，如图中标示的中心小点S、E、ε 和 A 即是几个天的中心，涡旋围绕中心运动，所有距中心最近的星和行星的运动都比彗星的速度慢。结合元素的观念，笛卡尔用涡旋宇宙论解释了多种天文现象，特别是与日心说相关的问题，以及太阳系结构形成的原因——宇宙的演化。他认为行星运行速度和所处之天环一致，因天环大小不同而具有不同的运动的力。若具有的运动的力比周围天环的力要小，就会向中心点靠近，直至与附近天环的力相平衡。如同两条河在某处短暂相遇后又分开，一条河中的重物很容易漂行到另一条河中，而最轻的物体将转向，并被水的力量迫使回到速度最低处。

哥白尼的日心说之后，涡旋宇宙论是第一个系统建立起来的物理天文学理论。它将微粒的属性与天体的构成、水的流动与天体的涡旋运动等联系，解释了新天文学涉及的宇宙物质构成、空间结构、天体运行与宇宙演化。涡旋宇宙论是笛卡尔提出的关于宇宙物质构成、天体运转和宇宙结构的学说，它在空间物质化、涡旋运动的普适性和宇宙演化论等方面进行探索，试图建立一个符合日心说的完整解释模型，并最终处在当时新天文学的前沿。涡旋宇宙论通过对太阳黑子、土星卫星等新天文现象的论述，成为当时能够对日心说做出较完整解释的一种理论体系，被誉为第一个取代中世纪水晶球体系的宇宙模型。

7.4　康德-拉普拉斯星云假说

康德-拉普拉斯星云假说是近代意义上的关于地球起源及演化的理论，它为近代许多科学理论的发展奠定了基础。康德是一位精通自然科学的哲学家，他在1755年出版的《宇宙发展史概论》中提出了星云假说，但是没有引起什么反响。直到1796年，法国天文学家拉普拉斯经过独立出版了《宇宙系统论》一书，书中提出了一个与康德相似的星云假说，由于他在天文学界的影响力，这个假说很快风靡起来。这时，康德的学说才被人关注，《宇宙发展史概论》于1799年再版。后来，人们就将这两个假说并提，称之为"康德-拉普拉斯星云假说"。

康德在《宇宙发展史概论》中提出，物质必然具有使自己运动起来的力量，它受某种客观规律的支配，而不需要用"一只外来之手"推动，从而否定了牛顿的"第一推动力"之说。康德认为，组成银河系的无数恒星并非杂乱无章，而是与太阳系相似的系统，它们与太阳系一起组成了一个有规则的系统。这个系统不是唯一的宇宙系统，此外还有无限多的"银河系"，天文学家观测到的那些椭圆形星云是另外一些"银河"，它们与太阳系一起，构成了更大的宇宙系统。

康德提出，太阳系的所有天体无一例外地都从一团弥漫的小微粒（原子星云）借助引力的作用聚焦而成。在自然的原始状态，所有物质的微粒散布在整个宇宙空间，由于吸引力的作用聚焦而成。在自然的原始状态，所有物质的微粒散布在整个宇宙空间，由于吸引力引起最初的扰动，天体在吸引力最强的地方开始形成。微粒普遍地向中心降落，由物质分解而成的最细小部分产生斥力，斥力和引力相互结合使降落运动的方向发生改变。所有这些运动都以同一方向指向同一地带。所有的质点都涌向一个共同的平面。它们降低运动速度，以便同它们所在位置上的重力相平衡。所有的质量环绕中心体沿着圆形轨道自由运行。这些运动着的质点聚合而成行星，在一个共同平面上向同一个方向自由运动，近中心点的行星运动轨道接近圆周运动；距离中心点较远的行星运动轨道偏心率也较大。

拉普拉斯在他的书中提出，太阳系是由一个庞大的旋转的炽热气体星云形成，星云由于冷却而收缩，由于收缩而使自转加速的离心力逐渐变大，最后，在重力和离心力平衡处抛出气环，这一过程不断出现，于是在星云赤道面上抛出一个又一个的气环，每一个气环最后凝聚成一个行星，中心凝聚成太阳。行星绕太阳公转、循公转方向自转。拉普拉斯非常自然地说明了行星运动特征的近圆性、共面性、同向性。

7.5　奥伯斯佯谬

康德–拉普拉斯星云假说主要解释了宇宙局部范围内一个小系统的起源和演化问题，但没有对宇宙的整体进行科学全面的解释。随着天文学观测的进步，无限的宇宙中充满着恒星这一图像基本建立起来了，并认为在大尺度的宇宙中，恒星是均匀分布的。

德国天文学奥伯斯以对太阳系的研究著称。他在1826年德国天文学年鉴上发表了题为"太空的透明度"的论文讨论天光度。他事先做了三个假设：恒星是点光源，均匀分布在宇宙里；恒星是不变化的（平均星光度在时间历程中是常量）；恒星没有大的系统运动。根据这三个假设，奥伯斯推理出，假如宇宙真的无限，并且包含无限多的、均匀分布在空间中的恒星的话，这些星光积累起来，会使得星空的每一个角落的亮度都跟太阳表面的亮度一样炫目。但事实上，我们看到的并不是这样的，黑夜和白天还是很分明，夜空也是暗的，星星散布在夜空。天文学上把这个问题称为"奥伯斯佯谬"。

现代宇宙学保留了宇宙是均匀的、各向同性的假设（即宇宙学原理），但基本上排除了宇宙是静态的和欧氏的模型。现代天文观测表明，宇宙是膨胀的，远方恒星的辐射向光谱红端移动，宇宙体积不断扩大，恒星的发光寿命不足以使宇宙空间充满和恒星表面相同强度的辐射。

7.6 宇宙大爆炸模型

大约从1910年起，天文学家在研究河外星系的光谱时，发现星系有系统的红移现象。[①]1929年哈勃提出了著名的"红移定律"，宣布星系退行的速度与它们离地球的距离大致成正比。哈勃的"红移定律"预示着宇宙在膨胀。

20世纪40年代，美籍俄裔物理学家伽莫夫为了解释宇宙中元素的形成，提出了宇宙膨胀初期存在过一个高温高密的"原始火球"，原始火球中同时存在着质子、中子、正负电子和中微子等。天文学家将这种思想模型称为"宇宙大爆炸模

图7-8 彭齐亚斯和R·威尔逊站在喇叭形天线旁边

---

① 从恒星星光中天文学家可以辨认出一些已知元素譬如氢、氦等元素的光谱线，跟这些元素的特征波相比，这些谱线显示向红端移动。红移意味着这些天体正在飞离观测者。红移量越大，天体退行的速度也越快。

型"。大爆炸理论提出了几项可用观测的预测，其中最早也最直接的观测证据包括从星系红移观测到的宇宙膨胀、宇宙间轻元素的丰度、对宇宙微波背景辐射的精细测量等，现在大尺度结构和星系演化也成为大爆炸理论新的支持证据。

关于宇宙微波背景辐射的形成，大爆炸理论提出的解释是：在宇宙大爆炸发生之初，原始火球处于完全的热平衡态，并伴随有光子的不断吸收和发射，从而产生了一个黑体辐射的频谱。其后随着宇宙的膨胀，温度逐渐降低直到光子不能继续产生或湮灭，不过此时的高温仍然足以使电子和原子核彼此分离。因而，此时的光子不断地被这些自由电子"反射"，这一过程本质上就是汤姆孙散射。这些光子构成了被今天人们观测到的背景辐射。20世纪60年代，贝尔电话实验室的研究人员彭齐亚斯和R.威尔逊在校正卫星通信反射天线时，发现了一种无法解释的背景噪声来自天空的各个方向，后来发现那个噪声的波长为7.35 cm，相当于3.5 K的温度的黑体辐射。1965年，他们又订正为3 K，习惯上称为"3 K背景辐射"。他们两人因这个意外发现，获得了1978年的诺贝尔物理学奖。

1981年，美国宇宙学家A.H.古斯提出宇宙暴胀理论，对宇宙大爆炸理论进行了发展，该理论用一个极高速膨胀的时期来解释大爆炸理论所假设的宇宙早期的超级平坦，同时预言了早期宇宙统计意义上的各向异性，并被解释为量子起伏。按照他的理论，宇宙是非常平坦的，但不是绝对平坦。所以宇宙微波背景辐射的各向同性在相当大程度上是成立的，它的各向异性起伏在十万分之一的量级上才体现出来。

1989年，美国宇航局发射的宇宙背景探测者卫星，发现宇宙微波背景辐射非常精确地等同于绝对温度为2.725 ± 0.001K

的黑体辐射。很多科学家把这个结果看作是宇宙大爆炸理论无可争辩的观测事实。1992年，乔治·斯穆特领导的小组宣布宇宙微波背景辐射有十万分之一的各向异性伏。这个起伏恰好是古斯宇宙暴胀理论所预测的。

经过暴胀理论修正的大爆炸理论固然能解释许多观测事实，但一些新的观测事实也在不停地挑战大爆炸理论。大爆炸理论给我们人类预测了两种宇宙的未来图景，第一种未来图景是宇宙膨胀到最大体积之后坍缩，在坍缩过程中，宇宙的密度和温度都会再次升高，最后终结于同爆炸开始相似的状态。第二种未来图景是随着宇宙能量密度等于或小于临界密度，膨胀会逐渐减速，但永远不会停止。现代观测发现，宇宙加速膨胀之后，人们意识到现今可观测的宇宙越来越多的部分将膨胀到我们的视界以外而同我们失去联系，这一效应的最终结果科学家目前还不清楚，有待同学们未来去探索。

20世纪40年代，剑桥的三位天文学家霍伊尔、邦迪和戈尔德并不认同伽莫夫的宇宙大爆炸理论。他们认为，在任何时代、任何位置上观测者观测到的宇宙图景在大尺度上都应该是一样的。他们将这个原理称为"完美宇宙学原理"。根据这一原理，他们在1948年提出一个稳恒态宇宙模型。根据稳恒态理论，宇宙从未有过开始，也没有结束，无所谓过去，也无所谓将来。宇宙处于连续的创造过程中，并且在大尺度上，包括任何时候和任何地方都是一样的。宇宙微波背景辐射的发现，证明稳恒态宇宙模型不是一个拥有科学解释力的理论。天文学家相信，面对宇宙，我们只能从我们已经掌握的规律出发去理解它，更重要的不是我们理解到了什么程度，而是科学探求的过程。稳恒态理论也好，大爆炸理论也好，最后都会消失在持续的科学探求过程之中，并成为人类认识宇宙道路上的一块块基石。

7.7　天体物理学中的思想实验对物理学发展的贡献

粒子物理学、生物学、化学等学科的观测资料丰富，实验几乎可以随意重复，任何重要的输入参数都可以作适当的改变。在这些领域里，人们往往会提出许许多多的理论，这些理论总是越来越复杂，最后由实验去寻求证明，决定取舍。但对宇宙学而言，我们不能用变革某些参数的方法去随意检验，甚至要找到决定性的观测也是极其困难的，因此只能采取间接的演绎法，也就是说天体物理学主要是采用"观测宇宙+思想实验+数学逻辑推理"的研究方法来展开研究，这一点与研究无限小的粒子世界的量子力学有相似之处。可以说思想实验对天体物理学理论体系的发展产生了积极的推动作用，同时也验证和丰富了广义相对论、量子力学等理论成果。关于这一点的理解，我们可从天体物理学的发展史来理解。

现代宇宙学实际上包括密切联系的两个方面，即观测宇宙学和理论宇宙学，前者侧重于发现并研究宇宙大尺度的观测特征，后者侧重于研究宇宙的运动学和动力学以及建立宇宙模型（思想实验是其主要研究方法）。宇宙学的主流派都认为广义相对论是他们的理论基础。爱因斯坦创立的广义相对论，从根本上改变了人们的时空观。牛顿的时空观，把时间和空间看作绝对的，而物质间的相互作用是超距的，描述这种时空的是欧几里得几何。爱因斯坦冲破了传统观念的束缚。他从引力质量与惯性质量相等这一实验事实出发，揭示了惯性与引力的本质。在均匀引力场里，一切物体的运动都和不存在引力场、但做匀加速运动的坐标系所呈现的惯性力作用下的运动一样，所以引力的作用相当于改变了时空的几何性质，使时空发生了弯曲。真实的时空是与物质密不可分的，描述它的几何是黎曼几何。

人们一直在质疑一个似乎不成问题的问题："为什么夜晚不如白天亮？"奥伯斯指出，一个静止、均匀、无限的宇宙模型会导致一个重大的矛盾：黑夜与白天应该一样亮。爱因斯坦首先用广义相对论提出宇宙是一个有限无边的闭合三维球面，正由此可算出宇宙的体积为 $2\pi^2 R^3$，爱因斯坦宇宙模型克服了奥伯斯佯谬。同时，由于空间技术、射电天文和其他新技术的不断发展，广义相对论已为越来越多也越来越精密的实验事实所验证，成为现代物理学的重要基石之一，是物理学和天文学中十分活跃的领域。

1929年，哈勃发现河外星系都远离我们而去，而离开的速度和它们与地球的距离成正比。哈勃定律的确立表明，爱因斯坦、弗里德曼先后于1917年和1922年提出的"宇宙膨胀"预言是很有道理的。大部分星系远离我们而去的观测事实意味着宇宙确实在膨胀。然而宇宙为什么会膨胀呢？现代许多宇宙学家认为，宇宙大爆炸理论把宏观的天体物理学与粒子物理学有机结合起来，也就把广义相对论与量子力学两大物理学支柱有机联系起来。宇宙大爆炸理论对天文现象的理论预测或思想实验更多借助于广义相对论，但天文观测对这些思想实验或理论观测的证明或对宇宙大爆炸理论的持续完善，很多是通过观测到新的粒子或粒子运动的新物理现象得到证实的。宇宙大爆炸时，宇宙内进行着大量的粒子物理过程，随着宇宙的膨胀和温度的变化，宇宙中的粒子相应发生着不同变化。宇宙大爆炸理论预测：宇宙年龄为1秒时，中微子和反中微子一直大量存在于宇宙中；宇宙年龄为3分钟时，形成最初的原子核；宇宙年龄为4×10^5年时，氢原子和氦原子产生了。此后，通过局部引力收缩，逐步形成星系团、星系、恒星等天体，太阳系和人类也是在这个时期形成、进化和发展的。

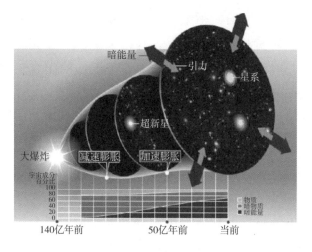

图7-9 宇宙在加速膨胀

现代天文学已经发展为一门宇宙学学科，它的研究类似于人类考古学。按照宇宙大爆炸理论，宇宙年龄为4×10^5年，留下的黑体辐射光子就是一种重要的宇宙学遗迹。1965年，彭齐斯与威尔逊发现了微波背景辐射，而且微波背景辐射是高度各向同性的，有力地支持了宇宙大爆炸理论。宇宙最初1秒钟留下的大量的中微子遗迹，包含宇宙早期的丰富信息，人们正在对它进行详细研究。其实，天文学家主要通过观测天体发射到地球的辐射，发现并且比较准确地测量它们所在的位置，从而根据它们的位置来探索它们的运动规律，对它们所存在的物质进行物理性质、化学组成、内部结构能量来源、演化规律的研究。

从古至今，天文学的研究对人类的发展有着重大意义，因此才出现了人类对宇宙模型的持续设想、冲突和持续不断的天文观测。正是天文学的不断发展才出现了哥白尼的日心说、康德和拉普拉斯关于太阳系起源的星云假说、宇宙大爆炸理论等等一系列天文学领域的重要理论。这些理论不仅奠定了之后的天文学家对天体的观测以及研究，牛顿力学、广义相对论、核能的发现也是天文学研究中非常重要的成果，这些都极大地推动了人类文明的发展。在现代天文学研究中，天文学家对高能天体物理、致密星和宇宙演化的研究，极大地推动了现代科学的不断发展，天文学家对太阳和太阳系天体的研究包括地球和人造卫星的研究，这些研究成果在航天、测地、通信导航等领域中得到了很好的应用。

随着人类社会文明的不断发展，天文学的研究对象也从太阳系发展到太阳系以外的整个宇宙，天体测量学、天体力学、天体物理学这三大分支学科构成了现代天文学的研究方法体系，光学天文学、射电天文学、空间天文学这几个分支学科则成为天文学观测的必要手段。天文学研究的各个对象层次包括行星层次、恒星层次、星系层次等，对这些星体层次的研究帮助我们进一步地了解宇宙。

宇宙大爆炸理论虽然在天文学研究中取得了辉煌的成功，但在宇宙大爆炸理论头上出现了"一朵乌云"，预示着人类对未来宇宙学研究的持续新发展，这朵"乌云"就是"暗物质"。物理学家发现宇宙膨胀正在加速，似乎存在某种神秘的物质作用于整个宇宙并将其推开，这一行为是通常的物质无法实现的，因此，物理学家将其称为"暗能量"。发现这一科学现象的天体物理学家萨尔·波尔马特、亚当·里斯和布莱恩·施密特分别于2006年和2011年获得邵逸夫奖和诺贝尔物理学奖。中国科学院高能物理研究所的科学家张新民科学研究团队提出一类新的暗能量动力学模型，并称其为"精灵"（Quintom），该模型一经提出便得到了国际宇宙学同行的广泛关注和评论，做出了中国科学界对世界宇宙学研究的重要贡献。

英国物理学家斯蒂芬·霍金对暗物质的研究做出了杰出贡献。一是霍金考虑了黑洞背景上场的量子效应，发现黑洞会辐射粒子（被后人称为"霍金辐射"）。1974年，他引用了量子理论，宣称黑洞会释放热量，最终发生爆炸并永远消失。但是微型黑洞在它们生命的尽头，会以惊人的速度释放热量并最终爆炸，产生的能量相当于100万颗百万吨级氢弹释放的能量。霍金认为，微型黑洞遍布宇宙，每一个都重达10亿吨，但并不比质子大。二是1983年，霍金和哈特尔提出用宇宙波函数描述空间闭合宇宙的量子态，提出了量子宇宙模型。另外，霍金在原初黑洞、虫洞、引力的全息性质等领域做出了重要学术贡献。

目前，科学家已经通过在利用地面上的高灵敏度探测器（如加速器、地下实验室、射电望远镜等）来寻找暗物质。位于我国贵州省黔南布依族苗族自治州的500米口径球面射电望远镜（Five-hundred-meter Aperture Spherical radio Telescope，FAST）是世界最大的"天眼"，开创了建造巨型望远镜的新模式。其反射面相当于30个足球场，灵敏度达到世界第二大望远镜的2.5倍以上，大幅拓宽了人类的视野，用于探索宇宙起源和演化。该射电望远镜于2011年3月25日动工兴建，2016年9月25日进行落成启动仪式，进入试运行、试调试阶段，2020年1月11

日通过国家验收工作，正式开放运行。另外一种研究暗物质的途径是通过粒子物理学来研究，如果我们能够更多地了解有哪些类型的粒子可以在超早期宇宙中存在，那么，我们就可以推测出在大爆炸最初一微秒之后，有多少种奇异粒子保留下来，它们对暗物质的贡献又有多大。第三种研究方法是采用计算机模拟的方法，科学家目前除了能够模拟引力以外，还能够把真实气体的动力学也考虑进来一起模拟。

图7-10 "中国天眼"——500米口径球面射电望远镜FAST

现代宇宙学的研究极大地推动了广义相对论、量子力学等基础物理学的发展，暗物质和暗能量的发现，也许会像"迈克耳孙实验对以太漂移的否定"和"黑体辐射"引发了20世纪相对论和量子力学的两大物理学革命一样，引发一场新的科学革命。当然，简单回顾宇宙学发展史，无论是古代中国宇宙模型、古希腊宇宙模型，还是近代康德-拉普拉斯星云假说，当代宇宙大爆炸理论、霍金的量子宇宙模型，思想实验都做出了重大贡献。

中国物理学家在天文观测、量子宇宙学领域取得了举世瞩目的学术研究成果，中国在航空航天工程领域也走在了世界前列，希望青少年一代掌握物理学思想方法，成为新一代仰望星空的人，成长为新一代物理学家，推动中国和世界物理学的新发展，造福中国，造福全人类。

参考文献

[1]赵煦. 用思想实验看微观世界[N/OL].中国社会科学报，
（2016-06-28）[2023-04-24]http：//sscp.cssn.cn/xkpd/
kxyrw/201606/t20160628_3089330.html.

[2]赵煦，管雪松. 思想实验研究：以当代科学前沿为背景[M].
北京：科学出版社，2018.

[3]马赫. 认识与谬误[M]. 洪佩郁，译. 北京：东方出版社，
2005.

[4]利昂·莱德曼，迪克·泰雷西. 上帝粒子：假如宇宙是答
案，究竟什么是问题[M]. 米绪军，古宏伟，等译. 上海：
上海科技教育出版社，2003.

[5]阎康年. 原子论与近现代科学[M]. 北京：高等教育出版
社，1993：2-5.

[6]丹皮尔. 科学史及其与哲学和宗教的关系[M].李珩,译，桂
林：广西师范大学出版社，2001：19-22，28-29.

[7]卡约里. 物理学史[M]. 戴念祖，译. 桂林：广西师范大学出版社，2002：15-16.

[8]李倩文，任亚杰，姚叶，等. 核心素养视角下议亚里士多德的运动学观点[J]. 物理通报，2021（5）：131-132.

[9]范彩娥. 亚里士多德运动观中几个问题的探索[J]. 吉林师范大学学报，松辽学刊（社会科学版），1986（4）：6-10.

[10]曹青云. 亚里士多德论感知：物理运动抑或精神活动[J]. 湖北大学学报（哲学社会科学版）. 2019（3）：135-142.

[11]李猛. 亚里士多德的运动定义：一个存在的解释[J]. 世界哲学，2011（2）：155-200.

[12]萧焜焘. 自然·时空·运动：读亚里士多德《物理学》[J]. 长沙理工大学学报（社会科学版），1987（3）：22-31.

[13]郭奕玲，沈慧君. 物理学史[M]. 北京：清华大学出版社，2005.

[14]卢建书，李春满. "理想实验"在物理学中的作用[J].张家口职业技术学院学报，2004（4）：62-64.

[15]人民教育出版社课程教材研究所. 普通高中课程标准实验教科书物理：必修1[M]. 北京：人民教育出版社，2010.

[16]伽利略. 关于托勒密和哥白尼两大世界体系的对话[M]. 上海外国自然科学哲学编译组，译. 上海：上海人民出版社，1974.

[17]利维. 思想实验：当哲学遇见科学[M]. 赵丹，译. 北京：化学工业出版社，2019.

[18]漆安慎，杜婵英. 力学基础[M]. 北京：人民教育出版

社，1982.

[19]赵凯华，罗蔚茵. 惯性的本质[J]. 大学物理，1995，14（4）：1-4；1995，14（5）：1-1.

[20]桑志文，吴波. 从经典时空观到相对论时空观[J]. 景德镇学院学报，1999，14（4）：5-6.

[21]郭应焕，郭振华，郭巍. 物理学中一桩300多年的悬案：牛顿旋转水桶实验证明了什么[J]. 现代物理知识，2009，21（5）：57-58.

[22]牛顿. 自然哲学之数学原理[M]. 北京：北京大学出版社，2006.

[23]殷业. 马赫原理及其物理模型[J]. 吉林师范大学学报（自然科学版），2011，32（2）：20-24。

[24]洪衍华. 关于卡诺定理的讨论[J]. 物理与工程，1988（2）：38-40.

[25]宋德生. 卡诺及卡诺热机理论的创立[J]. 物理教师，1986（5）：46-48.

[26]一个经典热力学思想实验的量子版本[EB/OL]. https://new.qq.com/rain/a/20210308A0DS0D00.

[27]杨建邺，段永法，肖明. 吉布斯和他对热力学、统计力学的贡献[J].物理，1993，22（9）：565-570.

[28]林树坤. 吉布斯悖论及其解[J]. 自然杂志，1989（5）：376-381.

[29]张德端. 关于"吉布斯佯缪的热力学解决"的讨论[J].成都大学学报（自然科学版），1988（1）：63-65.

[30]管雪松，赵煦. 思想实验的理想化之美[N/OL]. 中国社会科学报，（2015-10-27）[2023-11-15]http：//sscp.cssn.

cn/zhx/zx_tpxw/201510/t20151027_2544702.html.

[31]阎康年. 热力学第二定律和热寂说的起源与发展[J]. 物理, 1986, 15（2）: 121-126.

[32]张建树, 孙秀泉. 宇宙热寂说研究进展[J]. 西北大学学报（自然科学版）, 1997（02）: 45-48.

[33]陈良范, 周敏耀. 黑洞物理中的力学、热力学和量子过程[J]. 物理, 1983（12）: 705-711.

[34]郑华炽. Π. Н. 列别捷夫的光压实验[J]物理通报, 1956（3）: 148-151.

[35]沈臻懿. 驭光飞行的太阳帆探测器[J]. 检察风云. 2022（2）: 34-35.

[36]我国首次完成太阳帆在轨关键技术验证[J]. 自动化博览. 2020（1）: 4.

[37]法米罗. 量子怪杰：保罗·狄拉克传[M]. 重庆：重庆大学出版社, 2015.

[38]张瑞琨, 谭树杰, 陈敬全. 物理学研究方法和艺术[M].上海：上海教育出版社, 1995.

[39]科恩. 新物理学的诞生[M]. 北京：商务印书馆, 2016.

[40]赵凯华. 物理学照亮世界[M]. 北京：北京大学出版社, 2005.

[41]陈海涛. 时空之舞：中学生能懂的相对论[J]. 北京：北京大学出版社, 2007.

[42]柏鸿耀. 引力透镜现象的研究[J]. 西华师范大学学报（自然科学版）, 2011, 32（2）: 104-107.

[43]傅莉萍, 束成钢. 引力透镜的基本原理及最新研究进展[J]. 天文学进展, 2005（1）: 56-67.

[44]许酃. 引力透镜现象：探测宇宙的一条新途径[J]. 自然杂志，1990（11）：718-719.

[45]王善钦. 引力透镜：宇宙中的放大镜. 科技传播，2019（11）：12-13.

[46]谢丽，谭来军. 对"双生子佯谬"的辨析[J]. 广西轻工业，2006（6）：123.

[47]李果昌，张立根. "双生子佯谬"的狭义相对论解释[J]. 河北化工学院学报，1980（3）：74-84.

[48]吕嫣，段家兴，图雅，等. 对双生子佯谬问题的几种解释[J]. 沈阳师范大学学报（自然科学版），2011（3）：384-386.

[49]张天蓉. 著名的双生子佯谬[J]. 科技导报，2015（33）：102-103.

[50]王亚平在太空中变年轻了？"天上一天，地上一年"是真的吗？[EB/OL]https：//baijiahao. baidu. com/s?id=1717359033903089825&wfr=spider&for=pc.

[51]王自华. 测不准原理起源的历史考察[J]. 武汉大学学报（自然科学版），1988（1）：131-138.

[52]赵云. 简析测不准原理的由来与意义[J]. 大众标准化，2021（14）：252-254.

[53]萧如珀，杨信男. 1927年2月：海森堡的测不准原理[J].现代物理知识，2010（1）：66-67.

[54]郭海鸥. 物理学历史上的理想实验及其影响[J]. 河南教育学院学报（自然科学版），1998（4）：48-51.

[55]张天蓉. 走近量子纠缠系列之一：薛定谔的猫[J]. 物理，2014（4）：272-275.

[56]杨建邺. 科学史上最离奇的详谬：读《寻找薛定谔的猫》[J]. 博览群书，2001（7）：58-59.

[57]佚名. 科学家证明薛定谔的猫可以同时在两个地方！[J]. 华东科技，2019（2）：76-77.

[58]常丽君. 纠缠光子拍出"薛定谔猫"悖论照片[N]. 科技日报，2014-08-29（1）.

[59]何柞麻. "EPR佯谬"及有关的哲学问题[J]. 自然辩证法研究，1991（3）：28-38.

[60]潘建伟：寻找爱因斯坦未解之谜的"密钥"[J]. http：//news. ustc. edu. cn/info/1051/35825. htm.

[61]爱因斯坦，英费尔德著. 物理学的进化[M]. 周肇威，译. 长沙：湖南教育出版社，1999：201-209.

[62]中华书局编辑部. 历代天文律历等志汇编：第一册[M]. 北京：中华书局，1975.

[63]李良. 现代宇宙学概述[J]. 现代物理知识，1991（5）：12-14.

[64]陆埮. 谈谈宇宙学[J]. 科技导报，1986（04）：49-52.

[65]ABRAMS N E，PRIMACKAFT J R. 宇宙学与二十一世纪的人类文明[J]. 刘道军，译. 科学，2001（9）：13-15.

[66]蔡一夫，朴云松，张新民. 现代宇宙学简史[J]. 现代物理知识，2015（5）：26-30.

[67]REES M J. 20世纪的宇宙物理学[J].刘道军，译. 科学，2000（12）：4-8.

[68]蔡荣根，曹利明，杨涛. 轮椅上的宇宙：霍金的学术贡献及影响[J]. 科技导报，2018（7）：14-19.

[69]许林玉. 斯蒂芬·霍金：现代宇宙学最耀眼的明星[J].世界科学，2018（5）：4-9.

[70]陈悦，孙烈. 近代首个物理天文学体系：笛卡尔涡旋宇宙论[J]. 科学技术哲学研究，2016（6）：74-78.

[71]胡化凯. 亚里士多德时空观与牛顿时空观比较[J]. 科学技术与辩证法，2003，20（1）：76-80.

[72]亚里士多德. 物理学[M]. 张竹明，译. 北京：商务印书馆，1982.

[73]孙显元. 关于"追光悖论"的思考[J]. 安徽电气工程职业技术学院学报，2009（4）：1-6.

[74]赵峥. 《相对论、宇宙与时空》连载⑤：爱因斯坦与狭义相对论（下）[J]大学物理，2009（3）：5-62.

[75]王溢然. 模型 [M]. 北京：中国科学技术大学出版社，2015.

[76]马文蔚，周雨青. 物理学简明教程[M]. 2版. 北京：高等教育出版社，2018.

[77]王庆涛，周旭波，武青. 大学物理教程[M]. 北京：高等教育出版社，2022.

[78]李约瑟. 中华科学文明史[M]. 上海交通大学科学史系，译. 上海：上海人民出版社，2014.

[79]阿里奥托. 西方科学史[M]. 鲁旭东，张敦敏，刘钢，等译. 2版. 北京：商务印书馆，2011.

[80]许国梁. 中学物理教学法[M]. 3版. 北京：高等教育出版社，2020.